让孩子爱上科学实验

化学魔法师

纸上魔方◎编绘

上海科学技术文献出版社
Shanghai Scientific and Technological Literature Press

图书在版编目(CIP)数据

化学魔法师/纸上魔方编绘. — 上海：上海科学技术文献出版社，2023

（让孩子爱上科学实验）

ISBN 978-7-5439-8838-5

Ⅰ. ①化… Ⅱ. ①纸… Ⅲ. ①化学—儿童读物 Ⅳ. ①O6-49

中国国家版本馆 CIP 数据核字（2023）第 087923 号

组稿编辑：张　树

责任编辑：王　珺

化学魔法师

纸上魔方　编绘

*

上海科学技术文献出版社出版发行

（上海市长乐路 746 号　邮政编码 200040）

全 国 新 华 书 店 经 销

四川省南方印务有限公司印刷

*

开本 700×1000　　1/16　　印张 10　　字数 200 000

2024 年 1 月第 1 版　　2024 年 1 月第 1 次印刷

ISBN 978-7-5439-8838-5

定价：49.80 元

http://www.sstlp.com

前言

/////////////////////////////////////

在生活中，你是否遇到过一些不可思议的问题？比如被敲击一下就会伸腿前踢的膝盖，怎么用力也无法折断的小木棍；你肯定还遇到过很多不解的问题，比如天空为什么是蓝色而不是黑色或者红色，为什么会有风雨雷电；当然，你也一定非常奇怪，为什么鸡蛋能够悬在水里，为什么用吸管就能喝到瓶子里的饮料……

我们想要了解这个神奇的世界，就一定要勇敢地通过实践取得真知，像探险家一样，脚踏实地去寻找你想要的那个答案。伟大的科学家爱因斯坦曾经说："学习知识要善于思考，思考，再思考。"除了思考之外，我们还需要动手实践，只有自己亲自动手获得的知识，才是真正属于自己的知识。如果你亲自动手，就会发现膝跳反射和人直立行走时的重心有关，你也会知道小木棍之所以折不断，是因为用力的部位离受力点太远。当然，你也能够解释天空呈现蓝色的原因，以及风雨雷电出现的原因。

一切自然科学都是以实验为基础的，让小朋友从小养成自己动手做实验的好习惯，是非常有利于培养他们的科学素养的。在本套丛书中，读者将体验变身《化学魔法师》的乐趣，跟随作者走进《人体大发现》，通过实验认识到《光会搞怪》《水也会疯狂》，发现《植物有睡气》《动物真有趣》，探索《地理的秘密》《电磁的魔性》以及《天气变变变》的奥秘。这就是本套丛书包括的最主要的内容，它全面而详细地向你展示了一个多姿多彩的美妙世界。还在等什么呢，和我们一起在实验的世界中畅游吧！

目 录

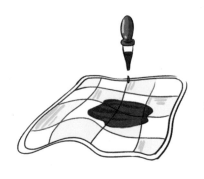

将火焰一变二

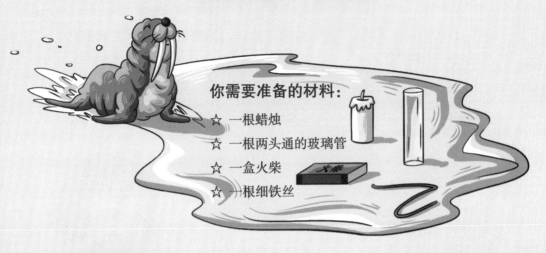

你需要准备的材料：

☆ 一根蜡烛

☆ 一根两头通的玻璃管

☆ 一盒火柴

☆ 一根细铁丝

◎实验开始：

1．将蜡烛固定在一张桌子上；

2．用铁丝将玻璃管的中空绞住，看起来像一个柄，拿在手里可以将玻璃管举起来；

3．将蜡烛点燃，将玻璃管的一头放在烛火的火焰中间；

4．用火柴点燃玻璃管的另一头，观察现象。

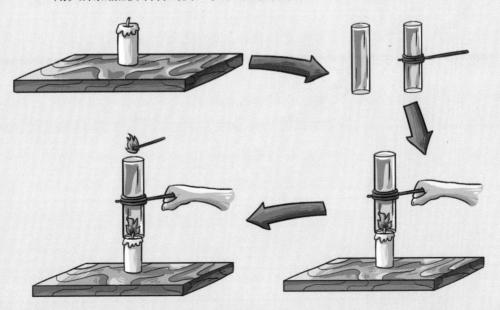

◎ 有趣的发现：

你会发现，玻璃管的另一头也出现了一朵火焰。

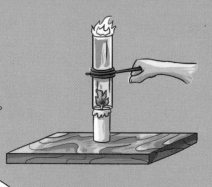

皮皮："哈哈，真是太有意思了！"

丹丹："孔墨庄叔叔，这是怎么回事？难道玻璃管中有什么东西吗？"

孔墨庄叔叔："其实，这个实验非常简单，这是因为蜡烛的火焰中心有一些没有被燃烧的碳氢化合物，也就是蜡烛油的蒸气。这时将玻璃管放到上面后，这些碳氢化合物就会从玻璃管中逃出来。用火点燃玻璃管的另一头，就会燃烧起来了。"

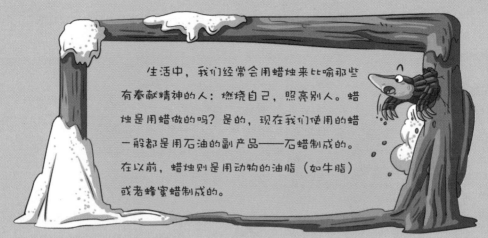

生活中，我们经常会用蜡烛来比喻那些有奉献精神的人：燃烧自己，照亮别人。蜡烛是用蜡做的吗？是的，现在我们使用的蜡一般都是用石油的副产品——石蜡制成的。在以前，蜡烛则是用动物的油脂（如牛脂）或者蜂蜜蜡制成的。

孔墨庄叔叔正在午休，突然门被撞开了，把他吓了一跳。孔墨庄叔叔一看，是皮皮跑了进来。

孔墨庄叔叔："皮皮，你这么慌慌张张地跑来做什么？没看我正在休息吗？"

皮皮："孔墨庄叔叔，你上午给我们做的那个实验，一定是做了什么手脚！"

孔墨庄叔叔："为什么这么说？"

皮皮："我刚刚回去重新做了一遍，可玻璃管的另一端怎么也点不着。"

孔墨庄叔叔："哈哈，那是因为你没注意看，你肯定是将玻璃管插到蜡烛火焰的旁边了，因为火焰旁边没有可供燃烧的碳氢化合物，玻璃管的另一端当然就引不着火了！"

巧洗丝绸

你需要准备的材料：

☆ 一小块丝绸
☆ 花生油适量
☆ 甘油适量
☆ 一个带盖子的广口瓶
☆ 一根棉签

◎ **实验开始：**

1．用棉签蘸点花生油，滴在丝绸上；

2．往广口瓶里放入一些甘油；

3．将带有花生油的丝绸放在广口瓶里，然后盖上盖子，摇一摇放置；

4．半个小时后，取出丝绸，观察丝绸。

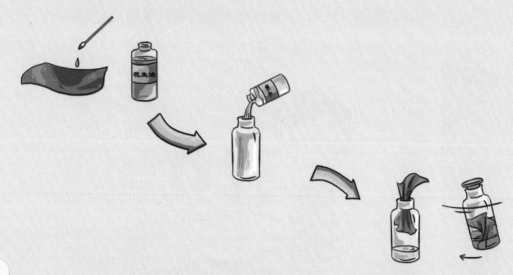

◎有趣的发现：

你会发现，丝绸上的油渍全都不见了。

皮皮："咦，丝绸上的油渍怎么全都消失了？"

嘉嘉："这肯定和甘油有关系，是吧，孔墨庄叔叔？"

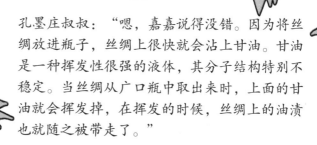

孔墨庄叔叔："嗯，嘉嘉说得没错。因为将丝绸放进瓶子，丝绸上很快就会沾上甘油。甘油是一种挥发性很强的液体，其分子结构特别不稳定。当丝绸从广口瓶中取出来时，上面的甘油就会挥发掉，在挥发的时候，丝绸上的油渍也就随之被带走了。"

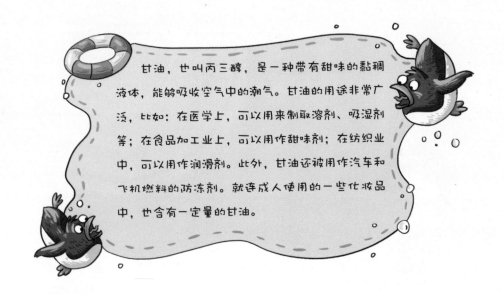

甘油，也叫丙三醇，是一种带有甜味的黏稠液体，能够吸收空气中的潮气。甘油的用途非常广泛，比如：在医学上，可以用来制取溶剂、吸湿剂等；在食品加工业上，可以用作甜味剂；在纺织业中，可以用作润滑剂。此外，甘油还被用作汽车和飞机燃料的防冻剂。就连成人使用的一些化妆品中，也含有一定量的甘油。

实验结束后，嘉嘉回到家里，翻箱倒柜，终于将爸爸那条精美的丝绸领带找到了。之后，他又跑到厨房，找来一些食用油倒在了上面。

妈妈看到后，非常生气，大喊："嘉嘉，你在干什么？"

嘉嘉笑着说："妈妈，没关系，一会儿我给你变个魔术，肯定让这些油渍消失，但是，你得先给我弄点甘油来！"

妈妈："……"

脾气暴躁的碘

你需要准备的材料:

☆ 米粒大小的碘若干颗（有毒，使用时小心）

☆ 一汤匙浓氨水　　☆ 一张白色滤纸

☆ 一个玻璃杯　　　☆ 一个小盘子

☆ 一个乳钵

◎ 实验开始：

1. 将碘放进乳钵中研碎，制成粉末；

2. 碘的粉末放进干净的玻璃杯后，往杯子里加入一汤匙的浓氨水；

3. 半小时之后，用滤纸过滤玻璃杯中的物质，留下纸上的棕黑色物质待用；

4. 在棕黑色物体处于潮湿状态时把它分成等量的几份；

5. 待它们半干时，取其中一份放在小盘子里，置于阳光下（注意：此时请远离）。

◎有趣的发现：

不一会儿，你就能听到爆炸声。

皮皮："呀，怎么会突然爆炸？吓我一跳！"

孔墨庄叔叔："哈哈！所以我说这是一种'脾气暴躁'的物质嘛。其实，爆炸的并不是碘，而是碘和浓氨水发生化学反应后生成的那种棕黑色物质，它的名字叫碘胺。碘胺在干燥的情况下会急速分解，并且释放出非常多的热量，这些突然被释放的热量会使得它周围的空气急剧膨胀，最终引发了爆炸。"

单质碘是一种有毒的紫黑色物质，可是小朋友们不知道的是，我们每天都要吃的食盐中，就含有碘。而且碘是维持身体健康不可缺少的一种微量元素，不管是多了还是少了，都会引起甲状腺肿大哦。

孔墨庄叔叔从实验室回到家，看到皮皮正坐在桌子旁，满脸怒气冲冲的样子。咦，他怎么生气了？

"是谁说我小气了？"皮皮大吼！

"没有人说你小气呀！"孔墨庄叔叔面带微笑地走过去，"有人说你小气吗？"

"没有啊！"

"那你为什么发脾气？"孔墨庄叔叔有点不明所以。

"我要证明碘不是'脾气最暴躁'的物质，我才是！"皮皮有些无理取闹地说。原来，是他的好强心作怪呀！

"你是——物质？"

"不知道，我不是吗？"

……

糖跑到哪儿去了？

你需要准备的材料：

☆ 白砂糖若干

☆ 两个等大的空杯子

☆ 一杯水

白砂糖

◎实验开始：

1．将两个大小相同的空杯子里装满白砂糖；

2．将糖一边搅拌一边慢慢地放入装满水的杯子里；

3．观察最后的结果。

◎ 有趣的发现：

当我们往杯子里慢慢地加入糖的时候，你会发现杯子很容易地装下了两杯白砂糖。

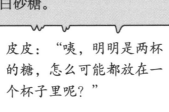

皮皮："咦，明明是两杯的糖，怎么可能都放在一个杯子里呢？"

嘉嘉（挠着头）："是啊，那些糖都跑到哪里去了？"

皮皮："您快告诉我们这是为什么呢？"

孔墨庄叔叔："呵呵呵，你们是不是感觉很奇怪呀？如果在一个杯子里放两杯的白砂糖，那是根本不可能的。但是如果将两杯白砂糖溶解在一杯水中就非常容易了！"

孔墨庄叔叔："这是因为水是由水分子构成的，它的结构中有很多眼睛看不见的'空洞'，空洞中可以容纳大量被水溶解的分子和原子。糖分子在溶解后，会和水分子排列得非常紧凑，不会占用太大的空间，所以一杯水可以溶解两杯白砂糖。"

11

在日常生活中，我们经常会用到白砂糖和糖精，它们有什么区别呢？白砂糖是我们食用糖的一种，其颗粒是一种结晶状固体，颜色洁白，甜味纯正。而糖精和糖有很大的区别。常温下的糖精是一种白色的结晶性粉末，是一种无营养型的甜味剂。食品生产中，使用它只是用来增加食品的甜度，改善口味，从而增加人的食欲，其本身没有任何营养。但无论糖或是糖精，我们都不能过多食用，否则会产生龋齿。

这天早晨，孔墨庄叔叔起来后，发现皮皮和嘉嘉在一旁的桌子上鼓捣着什么，他走了过去。

孔墨庄叔叔："你们在做什么呢？"

皮皮："我们也在做实验。昨天看完您给我们做的水溶解糖的实验后，您不是说水能溶解很多东西吗？我们今天拿来了一大盆食盐，看看一杯水到底能溶解多少！"

孔墨庄叔叔："哈哈哈，你们还真是活学活用啊，但我估计你们这个实验需要做好久哟……"

可以变色的碘酒

你需要准备的材料：

☆ 一个带盖子的玻璃瓶

☆ 一瓶碘酒

☆ 一盒火柴

☆ 水少许

◎ 实验开始：

1. 先往玻璃瓶中加入半瓶的水；

2. 往加入水后的玻璃瓶中滴2～3滴碘酒，观察这时水的颜色；

3. 同时点燃2～3根火柴（此步骤请家长帮忙），快速地扔进瓶中，然后用瓶盖盖住瓶口；

4. 摇动瓶子，等待十几秒钟，观察现象。

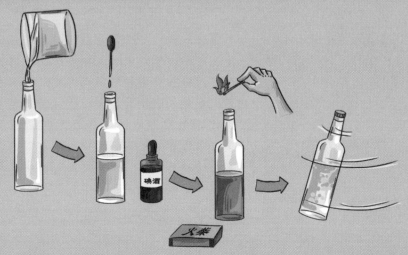

◎有趣的发现：

往加水的瓶中加入碘酒后，瓶中的溶液会变成棕色；当燃烧的火柴放入瓶中后，经摇晃，瓶中棕色的碘酒溶液会从棕色变成无色透明的水溶液。

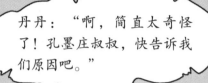

丹丹："啊，简直太奇怪了！孔墨庄叔叔，快告诉我们原因吧。"

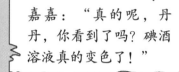

嘉嘉："真的呢，丹丹，你看到了吗？碘酒溶液真的变色了！"

孔墨庄叔叔："你们看到，碘酒本身就是棕色的，所以在加入碘酒后，瓶中的水溶液就会变成棕色。而当我们将燃着的火柴放入瓶中时，火柴燃烧的烟雾可以使碘酒溶液中的碘变成无色的碘离子，当瓶中的碘酒溶液中的碘全部变成无色的碘离子后，碘酒溶液也就从棕色的液体变成无色透明的了。"

大家应该都到医院去打过针，在护士打针之前，要在身体打针的部位擦些碘酒用来消毒，其实这只是碘酒的一个用途。在日常生活中，碘酒还有很多其他的用途。碘酒就是由碘、碘化钾溶液溶解于酒精溶液而制成的。它可以杀灭细菌、真菌、病毒等，可以治疗很多真菌性、病毒性等皮肤病。

　　这一天上午，孔墨庄叔叔刚做完实验，泡好一壶好茶，悠闲地翘着双腿，美美地享受着这一天剩下的时间。突然，丹丹和皮皮冲了进来。孔墨庄叔叔吓了一跳。

　　孔墨庄叔叔："这是怎么了，你们慌慌张张的？"

　　丹丹："刚才我们在外面玩，皮皮不小心摔了一跤，膝盖破了个口子，您这不是有碘酒吗？赶紧给他消消毒吧。"

　　孔墨庄叔叔拿来一瓶碘酒，开始给皮皮消毒。

　　丹丹："孔墨庄叔叔，如果将这一瓶碘酒都倒在伤口上，是不伤口就能很快愈合呀？"

　　孔墨庄叔叔："那可不行。其实碘酒具有一定的刺激性，会刺激皮肤色素细胞……"

番茄作画

你需要准备的材料：

☆ 一个生番茄　　☆ 一支毛笔

☆ 一块纱布　　　☆ 一张白纸

☆ 一个玻璃杯　　☆ 一根蜡烛

☆ 一把小刀　　　☆ 一个打火机

　　　　　　　　☆ 适量开水

◎**实验开始：**

1．将生番茄洗净，放进开水中烫几分钟，半熟后捞出；

2．将番茄去皮，用小刀切碎；

3．切碎的番茄放进纱布中挤压、过滤，并将番茄汁挤进玻璃杯中；

4．摊开白纸，用毛笔蘸番茄汁在上面画一幅画；

5．待画全干后，点燃蜡烛，将画纸放在烛火上烤（注意，不要把纸烧着）；

6．观察纸上的变化。

（此实验的某些步骤孩子自己无法完成并具有一定的危险性，请家长陪同一起完成。）

◎有趣的发现：

番茄汁在白纸上变干之后，纸上的画就看不见了。但是，当消失的画放在烛火上烤后，白纸上很快就会出现焦黄色的画。

皮皮："孔墨庄叔叔，这个实验太有意思了，好像在表演侦探剧一样，画一会儿消失，一会儿又重现了。"

孔墨庄叔叔："呵呵，这可多亏了番茄中的有机酸呀！番茄中含有的这种有机酸能够和纸发生反应，生成一种易燃烧的化合物。当我们把自然干的画放在烛火上烤的时候，这种更易燃烧的化合物就会首先被烤焦，从而将焦黄色的画迹显现出来了。"

在16世纪初的时候，番茄并不是作为一种水果和食物被人们所接受，而是被送进了花园。那时候的人们认为番茄是一种毒性非常凶猛的植物，还给它取了一个"狼桃"的名字。现在我们知道，番茄是被冤枉的，它们不但无毒，而且能够帮助人们防御很多疾病呢，营养价值非常高。

"不行，这个番茄煮得太熟了！"

"不行，这个又太生了！"

"不行！"

以上都是皮皮的自言自语，他边说边把番茄往嘴里塞。

"皮皮，番茄准备好了吗？孔墨庄叔叔现在要用了！"嘉嘉在催了。

"快好了！"

可是，过了很长时间，皮皮还没拿着番茄过来，嘉嘉只好自己过去。嘉嘉一看，番茄都不见了，最后一块刚好被皮皮送进嘴里。

"你——把做实验的番茄都吃了？"

"呵呵，饿了！"皮皮边说边露出一口被番茄红汁稍微染红的牙齿。

变色的唾沫

你需要准备的材料：

☆ 少量唾沫

☆ 适量清水

☆ 一个表面皿

☆ 10毫升浓度为1% 的淀粉溶液

☆ 适量碘溶液

☆ 一根玻璃棒

◎ 实验开始：

1. 取少量唾沫，放进表面皿中，加入等量的清水稀释；

2. 将10毫升浓度为1%的淀粉溶液加入表面皿，并用玻璃棒搅拌均匀；

3. 在表面皿中滴入2~3滴碘溶液，观察表面皿中液体颜色的变化。

◎ 有趣的发现：

我们可以看到，在加入碘溶液之后，表面皿中液体的颜色会渐渐变为蓝色，然后是紫色、紫红色、红色、茶色、无色。

皮皮："真好玩，唾沫像在变魔术一样，从一个颜色变为另外一个颜色！"

孔墨庄叔叔："呵呵，皮皮，光觉得好玩可不行，咱得知道这其中的原因呀！唾液为什么会不停地变色呢？这是因为人体的唾液中含有一种叫淀粉酶的物质，它会使淀粉的分子链发生断裂，并且变短，从而使得碘呈现出不同的颜色。换句话说，这个实验中真正变色的并不是唾液，而是碘。"

在小朋友们的印象中唾沫一定是不好的东西，但实际上，它对人体的帮助是非常大的。举个简单的例子来说：小朋友是怎样分辨不同食物的味道呢？就是依靠唾液来不断移走我们舌头上残留的食物微粒，从而体味到下一种食物的味道。

争论开始了，今天孔墨庄叔叔在实验室中列出的争论话题是"实验采用谁的唾沫"。

"当然是我的！"皮皮非常肯定地举起手。

"为什么？用我的，我的唾沫最多！"嘉嘉反对。

"不行，我的才是最多的，要不咱俩比一比看！"皮皮下了重注。

丹丹："哎呀，你们不要争了，其实这个问题很好解决嘛，让孔墨庄叔叔给我们做两遍实验，一次用皮皮的，一次用嘉嘉的。"

孔墨庄叔叔："……"

神奇的紫甘蓝汁液

你需要准备的材料：

☆ 三个一次性纸杯
☆ 橙汁
☆ 肥皂水
☆ 牛奶
☆ 紫甘蓝汁液
☆ 滴管

◎实验开始：

1. 首先将橙汁、肥皂水、牛奶倒入三个空的一次性纸杯中，并贴上标签；
2. 在三个装有溶液的纸杯中分别滴入一滴紫甘蓝汁液，观察现象。

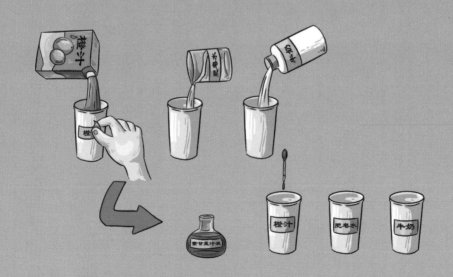

◎ 有趣的发现：

纸杯中的橙汁变成了粉红色；肥皂水变成了绿色；牛奶也变成了绿色。

皮皮："哎呀，怎么会这样呢？这些液体都变了颜色呀？"

嘉嘉："是呀！真的呀，我还从来没有看过绿色的牛奶呢，真的是太好玩了！孔墨庄叔叔，这是什么原因呢？"

孔墨庄叔叔："这里面其实是发生了化学变化的。在紫甘蓝的汁液中含有一种色素，这种色素遇到酸，就呈现粉红色；遇到碱后，就呈现绿色。我们都知道，橙汁是一种酸性饮料，所以遇到紫甘蓝汁液后就会变成粉红色。而肥皂水和牛奶中都含有碱性溶液，所以遇到紫甘蓝汁液后都变成了绿色。"

刚才试验中用到的橙汁，还有可乐、雪碧等都属于碳酸饮料。碳酸饮料的主要成分是碳酸水、柠檬酸等酸性物质，同时还有香料、白糖，有些饮料中还会加入一些咖啡因等。这些碳酸饮料可以说没有什么营养素。对于小孩子来说，经常喝碳酸饮料是非常有害的，它会损害我们的牙齿，造成龋齿。所以，我们还是不要喝碳酸饮料为好。

孔墨庄叔叔一大早起来，发现皮皮和嘉嘉又在他的实验室里不知道在做什么。他刚要走上前去，这时皮皮突然转过身，端着一个装着怪怪颜色的液体的杯子送给他。

皮皮："孔墨庄叔叔，这是我特意为您制作的，请您品尝。"

孔墨庄叔叔："这是什么东西啊？颜色怪怪的？"

嘉嘉："哈哈，这是我和皮皮花了一个早晨的时间做出来的，就是将粉红色的橙汁和绿色的牛奶兑在一起，就成了这种颜色了！"

孔墨庄叔叔："……"

洗衣服的维生素C

你需要准备的材料：

☆ 一粒维生素C

☆ 一块毛巾

☆ 适量蓝墨水

☆ 适量清水

☆ 一只乳钵

◎实验开始：

1．在干净的毛巾上滴几滴蓝墨水；

2．用清水清洗，观察毛巾的清洗情况；

3．将维生素C放进乳钵中磨成粉状，然后撒在毛巾上滴有
蓝墨水的位置；

4．使劲搓洗撒上维生素C粉末的毛巾，观察毛巾的清洗情况。

◎有趣的发现：

用清水清洗毛巾上的蓝墨水根本洗不干净，但是加入维生素C的粉末之后，毛巾上的蓝墨水印迹很快就变淡了。

皮皮："还真没想到，维生素C的洁净能力这么强啊！"

孔墨庄叔叔："呵呵！维生素C的分子中有一种极易被氧化和还原的物质，它能和蓝墨水中的铁离子发生化学反应，生成无色、易溶于水的物质，从而使得蓝墨水的印迹变淡。然后再用清水清洗一次，毛巾就可以干净得像新买的一样啦！"

如果家里刚好没有了维生素C，那该怎么办呢？不要着急，我们还可以用草酸来清洗衣物上的蓝墨水，因为草酸也能和蓝墨水发生化学反应，将蓝墨水中含有的三价铁离子还原为二价铁离子。而二价铁离子很容易溶解在水里，因此用清水一清洗，毛巾上的蓝墨水就被洗干净了。

　　如果事先皮皮知道自己所做的事会让他一个月的零花钱没有了，肯定不会那么笑呵呵地去进行。事情是这样的：

　　妈妈趁着做早饭的时间将脏衣服都放进水盆中浸泡着。可是，当她重新回到洗衣间的时候，看到她的好儿子——皮皮，将她花重金买来的维生素C一股脑儿倒进了水盆里，还抬起头笑嘻嘻地对惊呆了的她说："妈妈，孔墨庄叔叔用维生素C洗的衣服非常干净噢！"

消失的字迹

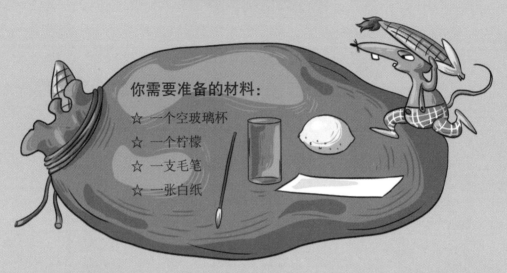

你需要准备的材料：

☆ 一个空玻璃杯

☆ 一个柠檬

☆ 一支毛笔

☆ 一张白纸

◎ **实验开始：**

1. 首先将柠檬榨汁（可以找爸爸或者妈妈帮忙），然后将柠檬汁倒入玻璃杯中；

2. 用毛笔蘸上柠檬汁在白纸上写一些字；

3. 写完字，等柠檬汁风干后，观察字迹的变化；

4. 请妈妈帮忙用吹风机给白纸加热，再观察字迹的变化。

◎有趣的发现：

当柠檬汁风干的时候，白纸上的字迹消失不见了；当用吹风机给白纸加热时，白纸上会出现咖啡色的字迹。

皮皮："咦，难道这柠檬汁会变魔术吗？为什么字迹一会儿消失一会儿又出现了呢？"

丹丹："孔墨庄叔叔，这个实验好神奇呀，快告诉我们是怎么回事吧！"

孔墨庄叔叔："因为在这个实验中发生了化学反应。柠檬汁中含有碳水化合物，这种溶液是无色的，所以等风干后，字迹就消失不见了。但是当加热后，碳水化合物就会被分解，生成碳原子，从而产生出接近咖啡色的字迹。"

可能很多人都非常喜欢吃柠檬，但剩下的柠檬皮千万不要扔掉，因为它有很多用处呢。洗碗的时候，在水中放入几片柠檬皮，可以增加瓷器的光泽，还可以消除碗上的腥、膻等异味，也可以放几片柠檬皮进去，异味很快就会消除，而且每次打开冰箱，还会有一股清香的味道。如果冰箱中有异味，还等什么，赶紧将这些告诉你的妈妈吧！

嘉嘉正在屋子里做作业，这时，丹丹走了进来，交给他一封信。

嘉嘉："这是谁给我写的信呢？"

丹丹："你打开看看不就知道了吗？"

嘉嘉打开信封，抽出信，打开一看，只是一张空白纸。

嘉嘉："这只是一张白纸啊！"

丹丹："上面是写满字的。孔墨庄叔叔不是刚给我们做完实验吗？这消失的字迹怎么才能再现，难道你忘记了吗？"

报雨花

你需要准备的材料：

☆ 一张滤纸

☆ 适量饱和的氯化钴溶液

☆ 一个喷雾剂

◎ **实验开始：**

1. 将滤纸折成纸花的形状；

2. 将饱和的氯化钴溶液装进喷雾瓶，然后向纸花喷洒该溶液；

3. 分别观察纸花在湿润和干燥情况下颜色的变化。

◎ 有趣的发现：

在纸花上喷洒氯化钴溶液时，我们会发现白色的纸花变成了粉红色。而随着时间的延长，纸张变得干燥，其颜色也会渐渐由红色变为蓝色。

皮皮："孔墨庄叔叔，这朵纸花怎么这么奇怪，湿的时候是红色，可是干了之后却变成了蓝色？"

孔墨庄叔叔："这可就要说到氯化钴溶液的一个奇怪的特性了。这种物质能够结合空气中的水分子形成一个能够根据水含量的不同而展现出不同颜色的结晶水合物。比如，在空气干燥的时候，结晶水合物的含水量就非常低，这时显示的就是蓝色。而随着空气湿度的增加，结晶水合物中的含水量也会增加，它又显现出粉红色了。而且，据说很久以前人们就是根据氯化钴溶液的这一特性来判断天气呢。"

在没有卫星之前，人们根本无法预料天气的变化，只能从大自然的变化中判断。比如：房子的地面变得潮湿了，那就说明空气中的水分大量增加了，有可能会下雨；空中飞舞的蜻蜓突然飞得很低很急促，那就有可能预示着暴风雨即将来临。

"孔墨庄叔叔，滤纸是什么？"皮皮问。

"用来过滤杂质的特殊的纸呀！"孔墨庄叔叔说。

"可是我们家没有滤纸。有白纸，可以吗？"

"不行！"

"餐巾纸呢？"

"也不行！"

"卫生纸呢？"

"……"

"报纸呢？"

"……"

"卫生纸呢？"

"……"

"餐巾纸呢？"

"……"

"白纸呢？"

"……"

让火光自己写字

你需要准备的材料：

☆ 两支熏香
☆ 一支滴管
☆ 一支吸管
☆ 两个玻璃杯
☆ 一支毛笔
☆ 一张白纸
☆ 一张纸巾
☆ 一盒火柴
☆ 一杯水

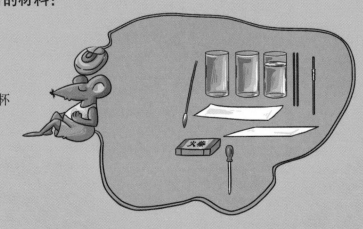

◎实验开始：

1. 点燃一支熏香，将香灰收集起来放入玻璃杯中；

2. 往玻璃杯中加入适量的水，摇匀；

3. 将纸巾塞入吸管中，用滴管从玻璃杯中吸取香灰水，从吸管滴入，让过滤出来的液体流入另一个玻璃杯中。反复操作这个步骤，直到溶液变得透明；

4. 用毛笔蘸上透明的溶液在白纸上任写两个字，晾干；

5. 点燃另一支熏香，在写字的地方烧一个小洞，观察现象。

◎有趣的发现：

当写字的地方被点燃后，会看到星星的火光沿着写过的字迹蔓延，"写"出字来了。

皮皮："天啊，太神奇了！我还以为纸会燃烧起来呢？"

嘉嘉："是啊，是啊，你看，火光写出的字和我们刚刚写过的字是一样的！"

丹丹："看来，这其中又发生了什么化学反应，是吧，孔墨庄叔叔？"

孔墨庄叔叔："呵呵，没错，还是丹丹聪明。其实香灰中含有一种含钾的化合物，这种化合物可以溶于水，并能降低纸的燃点。所以纸上涂有香灰水的地方，比较容易点燃。星星之火不灭，蔓延开来，就能自己写字了。"

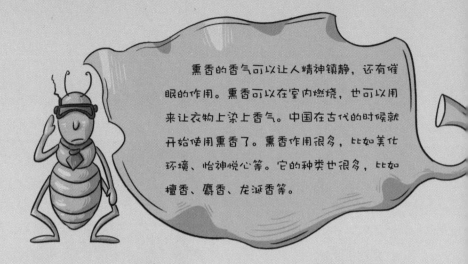

熏香的香气可以让人精神镇静，还有催眠的作用。熏香可以在室内燃烧，也可以用来让衣物上染上香气。中国在古代的时候就开始使用熏香了。熏香作用很多，比如美化环境、怡神悦心等。它的种类也很多，比如檀香、麝香、龙涎香等。

孔墨庄叔叔："皮皮，嘉嘉去哪里了？怎么没看到他呢？"

皮皮："我也不知道。做完实验他就跑了。"

没一会儿，只见嘉嘉抱着两大盒子的熏香回来了。

孔墨庄叔叔："嘉嘉，你怎么买了那么多的熏香？"

嘉嘉："哈哈，孔墨庄叔叔，我要将你刚才给我们做的实验表演给我的那些小伙伴看，我怕香灰不够啊，所以就多买点回来了！"

让苹果还原

你需要准备的材料：

☆ 苹果一个

☆ 水果刀一把

☆ 空盘子一个

☆ 柠檬半个

◎实验开始：

1．将苹果切成大小相等的四份（这个步骤可以请妈妈或者爸爸帮忙），然后装在盘子里；

2．在其中的两份苹果上滴上柠檬汁，另外两份则保持原状；

3．半个小时后，观察苹果发生的变化。

◎有趣的发现：

经过一段时间之后，我们会发现滴有柠檬汁的苹果没有变色，而没有滴柠檬汁的苹果则变了颜色。

皮皮："哇，两样苹果还真是有很大的差别呢！孔墨庄叔叔，为什么会出现这样的现象啊？"

嘉嘉和丹丹也一脸好奇。

孔墨庄叔叔看了看小朋友们，然后才笑嘻嘻地解释原因："当苹果肉暴露在空气中时，苹果肉中的激素会和空气中的氧结合，产生氧化反应，使得苹果肉变色。但柠檬汁中含有维生素C，会减缓苹果肉的氧化反应，所以滴有柠檬汁的苹果肉可以保持原来的颜色。现在你们明白了吧？"

小朋友们，你们知道吗？只要不让切开的苹果肉和空气接触，苹果肉就不会被氧化，也就不会变色了。比如，切开的苹果暂时吃不完时，我们可以找保鲜膜来帮忙，用保鲜膜将其包好，这样也同样能有效地减慢苹果肉被氧化的速度。但大家一定要注意一点，在切苹果的时候，千万不要切到手哦！

　　孔墨庄叔叔做完实验离开后，发现眼镜落在了实验室，于是，他转身回去拿。来到实验室，孔墨庄叔叔发现皮皮和嘉嘉还没走，俩人看到他后，还慌慌张张的样子，嘴里还在不停地嚼着什么。

　　孔墨庄叔叔："你们两个捣蛋鬼又在做什么呢？"

　　皮皮（嘿嘿一笑）："孔墨庄叔叔，对不起啊，我们俩把刚刚做实验的苹果吃掉了，主要是想看看滴过柠檬汁的苹果和没有滴过柠檬汁的苹果，在味道上有什么不一样？"

　　孔墨庄叔叔："你们这两个小馋猫……"

制取盐的结晶

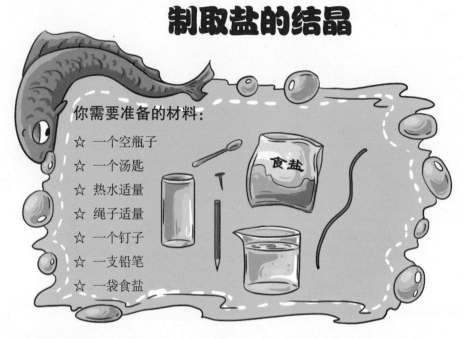

你需要准备的材料：

☆ 一个空瓶子
☆ 一个汤匙
☆ 热水适量
☆ 绳子适量
☆ 一个钉子
☆ 一支铅笔
☆ 一袋食盐

食盐

◎**实验开始：**

1. 首先在瓶子中装满热水，然后将大量的食盐放进去，并不断地搅拌（1汤匙食盐需要30毫升的热水来融化）；

2. 在绳子的一端绑上钉子，另一端绑上铅笔；

3. 将铅笔放在瓶子边，钉子则悬挂在盐水里，并将瓶子放在温暖的地方；

4. 几天后，观察绳子上出现的现象。

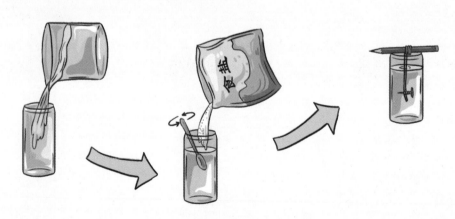

◎有趣的发现：

经过几天后，绳子上会出现盐的结晶。

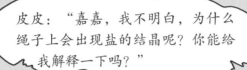皮皮："嘉嘉，我不明白，为什么绳子上会出现盐的结晶呢？你能给我解释一下吗？"

嘉嘉："不好意思，我也不知道原因，咱们还是请教孔墨庄叔叔吧。"

丹丹："是啊，孔墨庄叔叔，这是怎么回事呢？您快给我们讲讲吧"

孔墨庄叔叔："呵呵，这是因为在这几天中，水分子会以蒸气的形态慢慢进入空气中。当水从盐水中蒸发后，盐分子便会停留在绳子上，形成立体状的结晶。当水全部蒸发后，便只会剩下盐的结晶了。"

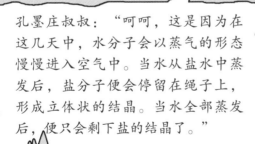

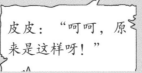皮皮："呵呵，原来是这样呀！"

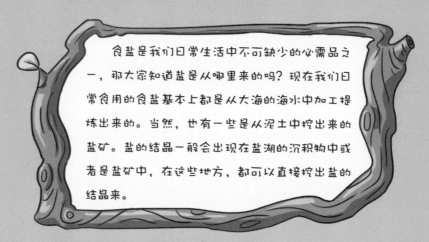

食盐是我们日常生活中不可缺少的必需品之一，那大家知道盐是从哪里来的吗？现在我们日常食用的食盐基本上都是从大海的海水中加工提炼出来的。当然，也有一些是从泥土中挖出来的盐矿。盐的结晶一般会出现在盐湖的沉积物中或者是盐矿中，在这些地方，都可以直接挖出盐的结晶来。

上卫生间才一会儿的工夫，孔墨庄叔叔就悔得连肠子都青了——他怎么能把皮皮一个人放在实验室呢。

孔墨庄叔叔走后，皮皮就走到孔墨庄叔叔刚刚做实验的地方。他按照孔墨庄叔叔的方法不停地重复着实验。这时，孔墨庄叔叔走了进来。

孔墨庄叔叔："皮皮，你又在我的实验室做什么呢？"

皮皮："呵呵，孔墨庄叔叔，我在学着做你刚才做的实验，我想多弄点盐的结晶，这样我们家以后就不用买盐了！"

孔墨庄叔叔："……"

神奇的火山喷发

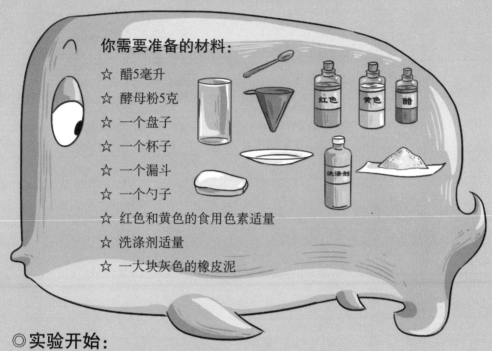

你需要准备的材料：

☆ 醋5毫升

☆ 酵母粉5克

☆ 一个盘子

☆ 一个杯子

☆ 一个漏斗

☆ 一个勺子

☆ 红色和黄色的食用色素适量

☆ 洗涤剂适量

☆ 一大块灰色的橡皮泥

◎ **实验开始：**

1. 将灰色的橡皮泥捏成一个像火山一样的形状，放在盘子里；

2. 在捏好的橡皮泥火山中间打一个洞，将酵母粉放进去；

3. 将醋倒入杯子中，再加入两滴洗涤剂和红色、黄色的食用色素；

4. 用漏斗将杯子中的混合液体倒入橡皮泥的洞里，然后立即退到一旁，观察现象。

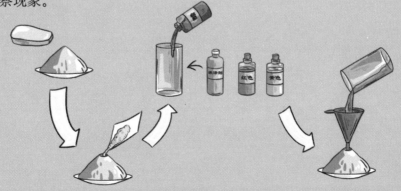

◎有趣的发现：

很快，橡皮泥火山就会像真的火山一样，喷发出壮观的景象。

皮皮："啊，这个景象真的是太壮观了，橡皮泥火山怎么也能和真的火山一样喷发呀？真的是太奇怪了。孔墨庄叔叔，要是你不告诉我原因，我晚上肯定会睡不着的。"

嘉嘉："是啊，是啊，我还从没看过火山喷发呢，现在真的是长见识了！"

孔墨庄叔叔："好的，别着急，我现在就给你们讲解一下吧。我们所用的洗涤剂是一种碱性物质，而醋是酸性物质，酸碱放在一起就会发生化学反应，产生二氧化碳。而酵母粉遇到水后也会释放出大量的气体，这种气体会急剧膨胀，推动含有红色和黄色的食用色素的黏稠液体从橡皮泥的口中喷涌而出。"

可能大家在电视或者一些影片中看到过火山喷发的现象，但很少有人亲眼看到过。火山喷发是一种奇特的地质现象，是地壳运动的一种表现形式。火山喷发时，会伴随火山灰、熔岩和火山碎屑流等，有的在火山较低的斜坡上还会发生泥石流和洪水等，比如通古拉瓦火山等。

这是实验之前皮皮和孔墨庄叔叔之间的一段对话。

皮皮："孔墨庄叔叔，这个橡皮泥火山真的能喷发东西吗？"

孔墨庄叔叔："当然，我什么时候骗过你！"

皮皮："就像真的火山一样吗？"

孔墨庄叔叔："是的！"

皮皮长舒一口气："那就好，我刚才还准备让爸爸带我到电影院中去看关于火山喷发的影片呢，一会儿等我学会了，就可以回家做给爸爸看了。省下买影票的钱，让爸爸给我买玩具！"

可以遥控的按钮

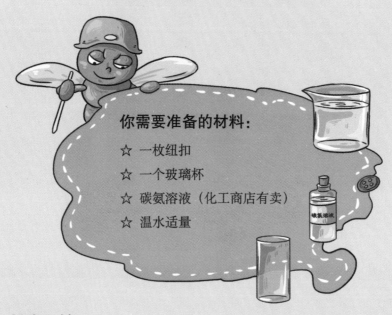

你需要准备的材料：

☆ 一枚纽扣

☆ 一个玻璃杯

☆ 碳氨溶液（化工商店有卖）

☆ 温水适量

◎**实验开始：**

1. 用温水和碳氨溶液配制成一杯无色透明的液体；

2. 将纽扣放在杯子中，纽扣很快沉入到杯子底部；

3. 等待两三分钟，看看发生了什么现象。

◎ **有趣的发现：**

两三分钟后，纽扣会在水中自动地上下浮沉。

孔墨庄叔叔："皮皮，你仔细看看，纽扣是怎么运动的？"

孔墨庄叔叔："注意它上浮和下沉的时间，我们就可以遥控这枚纽扣了。"

皮皮："它好像是在跳舞一样，一会儿上浮，一会儿下沉的！"

皮皮："这是怎么回事呢？"

孔墨庄叔叔："在温水和碳氨溶液配制的液体中含有大量的二氧化碳。当纽扣沉入到水底后，溶液中的二氧化碳小气泡就附着在纽扣上，越积越多，这样纽扣受到的浮力就会逐渐增大。一旦所受的浮力大于其本身的重量，它就会浮到水面上。纽扣浮上来后，气泡消失了，于是它又沉入到水底了。这样反复进行着，直到二氧化碳消耗尽为止。"

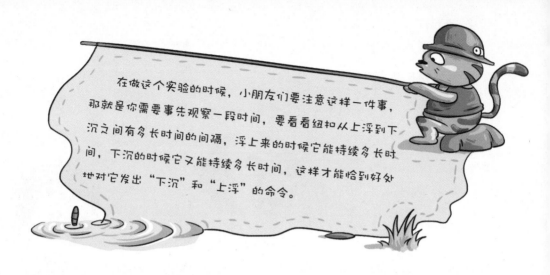

在做这个实验的时候，小朋友们要注意这样一件事，那就是你需要事先观察一段时间，要看看纽扣从上浮到下沉之间有多长时间的间隔，浮上来的时候它能持续多长时间，下沉的时候它又能持续多长时间，这样才能恰到好处地对它发出"下沉"和"上浮"的命令。

　　孔墨庄叔叔在超市找到皮皮，他正拿着一大袋子的纽扣在等着付款。

　　"皮皮，你这是在做什么？买了这么多纽扣做什么用啊？"孔墨庄叔叔很奇怪，不解地问道。

　　"呵呵，孔墨庄叔叔，我看了你的实验，非常有趣，决定多买点纽扣，发给我的那些同学，然后将实验的步骤教给他们。一会儿我还要去买一些碳氨溶液。这个实验实在太好玩了！他们一定喜欢！"皮皮说道。

玩火的"雪人"

你需要准备的材料：

☆ 15克乙酸钙固体

☆ 一对大小烧杯

☆ 150毫升95%的酒精

☆ 适量清水

☆ 一根玻璃棒

☆ 一块薄铁皮

☆ 一张石棉网

☆ 一支画笔

☆ 一盒火柴

◎ 实验开始：

1. 将15克乙酸钙放进小烧杯中，并加入30毫升的清水，使之溶解；

2. 往大烧杯中加入150毫升浓度为95%的酒精，随后将乙酸钙的饱和溶液倒入大烧杯中，并用玻璃棒搅拌，直至凝固成凝胶体；

3. 用薄铁皮沿着杯壁将凝胶体从大烧杯中取出，挤干水分，捏成雪人状，放在石棉网上；

4. 用画笔给"雪人"添上五官后，用火柴点燃"雪人"。

沿壁取胶

拧干

◎有趣的发现：

"雪人"很快就会燃烧起来，呈现出蓝色的火焰，最后变成一摊干涸的白色固体。

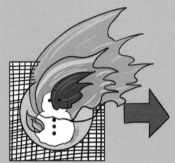

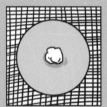

皮皮："孔墨庄叔叔，关于这个实验，别的我不敢说，但我敢肯定的是，如果没有乙酸钙，我们绝对不可能捏出一个'雪人'来。是不是？"

孔墨庄叔叔："好小子，越来越聪明了啊！确实，酒精是一种能和水相互溶解的物质，它们结合在一起不可能成为可以竖立的固体。但乙酸钙却和水不同，它不但不溶于酒精，还让酒精析出酒精凝胶，从而把酒精凝结在一起，并且保证它们还是酒精，而不变成其他物质。所以，最终燃烧的其实只是酒精，而残留下的白色固体就是乙酸钙。"

从这个实验中，我们还可以学到一个知识，那就是制作酒精凝胶，只要使用乙酸钙就可以了。你记住了吗？

  皮皮在实验过程中想到一个非常实际的问题，他问孔墨庄叔叔："孔墨庄叔叔，你的乙酸钙是不是花了很多钱从别的地方买来的？"

  "是啊！"

  "买乙酸钙的钱是不是比直接买酒精的钱多？"

  "是啊！"

  "那你为什么那么笨呢？直接从商店买酒精不就好了吗，为什么要自己制作呢？"

  "……"

糖变酒精的魔术

你需要准备的材料：

☆ 一汤匙白糖

☆ 一小包干酵母

☆ 一个玻璃杯

☆ 适量温水

☆ 一根玻璃棒

◎实验开始：

1. 往玻璃杯中倒入四分之一的温水，然后在温水中加入一汤匙白糖；

2. 将干酵母加入玻璃杯中，并用玻璃棒搅拌均匀；

3. 静置半小时后，观察玻璃杯里面的情况。

静置半小时

◎**有趣的发现：**

半小时后，玻璃杯里面的液体表面出现了很多泡泡。

皮皮："孔墨庄叔叔，玻璃杯中的气泡是什么呀？"

孔墨庄叔叔："这些都是二氧化碳气泡，而杯子底部的液体其实就是酒精了。在我们使用的干酵母中有一种被称为'酵母菌'的物质，它是微生物的一种。那么，它的作用是什么呢？它的作用是分解糖分子，并且把糖变成酒精和二氧化碳气体，神奇吧？更神奇的是，在显微镜下看，你会发现这种物质就像是发了霉的馒头表面的那层细软的绒毛。"

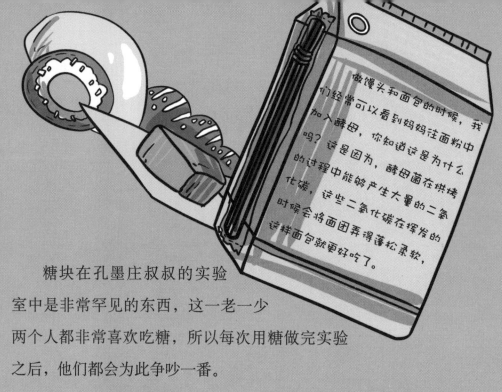

做馒头和面包的时候，我们经常可以看到妈妈往面粉中加入酵母，你知道这是为什么吗？这是因为，酵母菌在烘烤的过程中能够产生大量的二氧化碳，这些二氧化碳在挥发的时候会将面团弄得蓬松柔软，这样面包就更好吃了。

　　糖块在孔墨庄叔叔的实验室中是非常罕见的东西，这一老一少两个人都非常喜欢吃糖，所以每次用糖做完实验之后，他们都会为此争吵一番。

　　"皮皮，你知不知道尊老？我是你的长辈，这块糖应该由我吃！"孔墨庄叔叔把糖从桌子上抢过来。

　　"那你懂不懂得爱幼？我是小孩子，你应该让给我！"皮皮边说边把糖抢过来。孔墨庄叔叔当然不放手，就在二人争来抢去的时候，糖掉地上了。碰巧的是，糖块旁边有一只老鼠经过，它叼起糖块，一溜烟跑进洞里了。

牛奶变塑料

你需要准备的材料：

☆ 70毫升牛奶
☆ 半玻璃杯白醋
☆ 一个搪瓷奶锅
☆ 一个搅拌器

◎ 实验开始：

1. 将牛奶倒入搪瓷奶锅中，放到炉火上加热，直至牛奶温热（此步骤需要家长帮忙完成）；

2. 往温热的牛奶中倒入醋，并不停地用搅拌器搅拌均匀。

70毫升

加热温热

◎有趣的发现：

继续搅拌后，我们会发现奶锅中的东西被搅拌成一块凝固的白色橡胶样物质。

皮皮用手碰了碰奶锅中的物质，感觉它像塑料一样，既柔软又有弹性，于是好奇地问孔墨庄叔叔："大叔，牛奶到底变成什么了呀？"

孔墨庄叔叔没有回答，而是笑着将奶锅中的东西拿出来，并挤干里面的水分。这才对皮皮说："这就是最初的塑料啦！牛奶里面有一种特殊物质，叫酪蛋白，它经过一系列复杂的程序之后，就会变成我们平常所用的塑料了。那么，酪蛋白是怎么形成的呢？它其实就是牛奶和醋发生化学反应而生成的。"

大家对牛奶一定不陌生吧？它是我们日常生活中不可缺少的基础营养饮品。不仅如此，牛奶还是一种最为古老的天然饮料噢！很早很早以前的小朋友们，他们没有机会喝果汁和汽水，就只能用牛奶充当唯一的饮料。

　　每天早晚一杯牛奶，是皮皮雷打不动的习惯。但是今天晚上，他喝完牛奶后，突然跑到厨房里，好像在找什么东西。

　　妈妈跟在皮皮身后，看见他拿起一个塑料碗，对妈妈说："妈妈，孔墨庄叔叔今天给我们做了实验，他告诉我们，牛奶中有一种物质叫酪蛋白，其实就曾是制作这种塑料的原料呢！"

　　"皮皮……"妈妈心想：这孩子是不是傻了？

肥皂的去污本领

你需要准备的材料：

☆ 少量食用油

☆ 半汤匙肥皂粉

☆ 适量清水

☆ 一支试管

◎ 实验开始：

1. 往试管中加入两厘米左右的清水，然后往清水中滴入几滴食用油；

2. 用拇指堵住试管口，上下摇晃试管，观察试管里面油和水的情况；

3. 将肥皂粉加入试管中，再次摇晃试管，并观察试管里发生的变化。

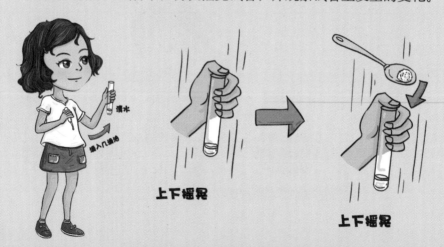

上下摇晃

上下摇晃

◎有趣的发现：

加入肥皂粉之前摇晃试管，油虽然会暂时变成小液滴在 **上下摇晃** 水里分开，但是马上又会全部浮在水面上。但是加入肥皂粉之后，试管里的油不见了，取代它的是一种与水混合的乳白色液体。

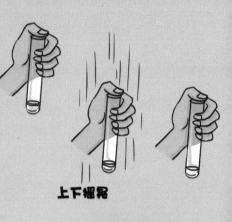

上下摇晃

皮皮："孔墨庄叔叔，油呢？怎么会消失不见了？"

孔墨庄叔叔："油还在试管里，只不过它们不再以油的形式出现，而是成为了乳剂。什么是乳剂呢？它其实就是一种包裹着脂肪微粒的液体，而肥皂粉正是这种能够将油脂变成乳剂的物品。它会先将水里的食用油分解成一个个细小的微粒，让它们彼此分开，形成乳剂。所以，妈妈能够用肥皂粉将我们衣服上的油污洗掉呀！"

嘉嘉："原来是这样啊！我终于知道妈妈为什么宁愿花那么多钱买洗衣粉，也不给我买辆汽车了。"

丹丹："如果换做是我的话，我也会买洗衣粉，而不会买汽车玩！"

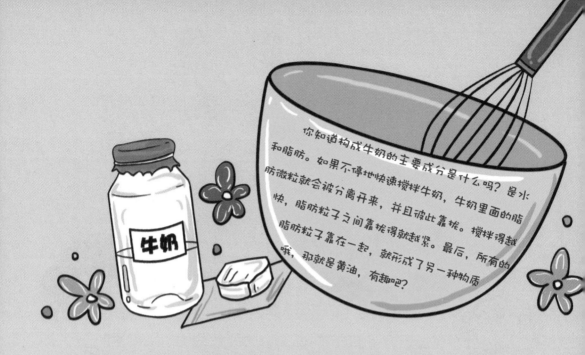

你知道构成牛奶的主要成分是什么吗？是水和脂肪。如果不停地快速搅拌牛奶，牛奶里面的脂肪微粒就会被分离开来，并且彼此靠拢。搅拌得越快，脂肪粒子之间靠拢得就越紧。最后，所有的脂肪粒子靠在一起，就形成了另一种物质啦，那就是黄油，有趣吧？

皮皮一直是个很懂事的孩子，这天回到家里，他将自己的脏衣服全都找出来，泡在盆中。妈妈看到他的行为感到很困惑，不知道发生了什么事情。

妈妈："皮皮，你这是要做什么呀？"

皮皮："妈妈，今天孔墨庄叔叔给我们做实验，告诉我们肥皂可以清洗掉油污，我要亲自试验一下，这样你也不会那么劳累了，这不是一举两得吗？"

烧不着的麻绳

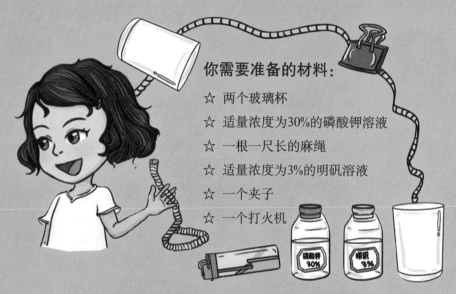

你需要准备的材料：

☆ 两个玻璃杯

☆ 适量浓度为30%的磷酸钾溶液

☆ 一根一尺长的麻绳

☆ 适量浓度为3%的明矾溶液

☆ 一个夹子

☆ 一个打火机

◎ 实验开始：

1. 取一只玻璃杯，将磷酸钾溶液放进去；

2. 在磷酸钾溶液中放入麻绳，使之浸泡一段时间；

3. 取出浸泡之后的麻绳，用夹子夹住晾干；

4. 将晾干之后的麻绳再次放进另一个玻璃杯中，并往杯子里倒入明矾溶液，同样浸泡一段时间；

5. 将浸泡后的麻绳用夹子夹住晾干；

6. 尝试用打火机点燃最后晾干的麻绳，观察其变化。

浸泡一段时间

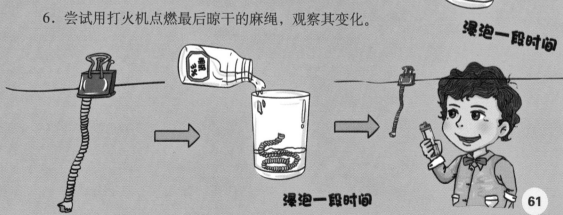

浸泡一段时间

◎ 有趣的发现：

平时非常容易点燃的麻绳，现在却无论如何都烧不着了。

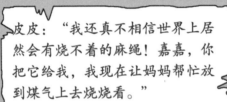 皮皮："我还真不相信世界上居然会有烧不着的麻绳！嘉嘉，你把它给我，我现在让妈妈帮忙放到煤气上去烧烧看。"

孔墨庄叔叔："呵呵，皮皮，不要不服气了。不管你放在什么地方烧，这根麻绳都不可能被点燃。因为磷酸钾分子和明矾分子已经在麻绳的表面形成了一层非常坚固的保护膜，将麻绳里面所含的易燃烧的纤维素和空气完全隔离开了。火根本不能触碰到它，怎么能把它点燃呢？"

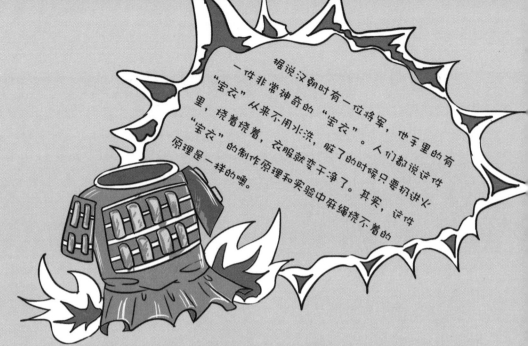

据说汉朝时有一位将军，他手里的有一件非常神奇的"宝衣"。"宝衣"从来不用水洗，脏了的时候只要扔进火里，烧着烧着，衣服就变干净了。其实，这件"宝衣"的制作原理和实验中麻编烧不着的原理是一样的噢。

"哈哈，嘉嘉，尝尝我的金钟罩铁布衫吧！"皮皮兴冲冲地对一头雾水的嘉嘉说。

"什么铁布衫呀？"嘉嘉问。

"我的宝衣。我按照孔墨庄叔叔在实验中的做法做了一件和汉朝大将军一样的宝衣。怎么样，害怕了吧？看你还敢不敢欺负我！"皮皮得意地说。

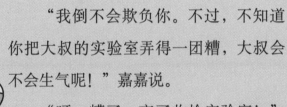

"我倒不会欺负你。不过，不知道你把大叔的实验室弄得一团糟，大叔会不会生气呢！"嘉嘉说。

"呀，糟了，忘了收拾实验室！"皮皮后知后觉道。

重新长出来的卫生球

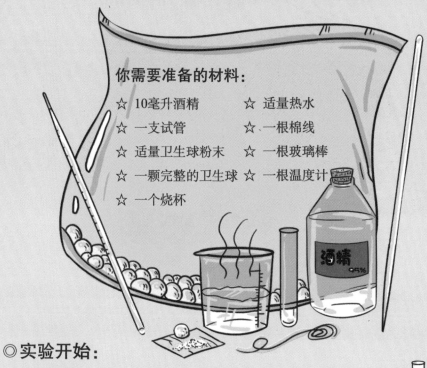

你需要准备的材料：

☆ 10毫升酒精　　　☆ 适量热水

☆ 一支试管　　　　☆ 一根棉线

☆ 适量卫生球粉末　☆ 一根玻璃棒

☆ 一颗完整的卫生球　☆ 一根温度计

☆ 一个烧杯

◎实验开始：

1．把酒精倒入试管，并将试管放进倒入热水的烧杯中（烧杯中放入温度计，随时观察温度）；

2．往试管中缓慢加入卫生球的粉末，边加边用玻璃棒搅拌，直到粉末不能再溶解于酒精中为止；

3．查看温度计，如果烧杯中的温度不变，则继续下面的实验。如果温度有所下降，便重新换热水，再继续实验；

4．用棉线拴住另一颗卫生球，在其表面挖去米粒大小的面积后放进试管中；

5．静置一段时间，将卫生球拿出来。

◎ 有趣的发现：

将卫生球从试管中拿出之后，我们会惊讶地发现，原先被挖去的部分，此时却重新长了回来。

皮皮："孔墨庄叔叔，你这是在变魔术吗？为什么明明被挖去了一部分的卫生球，最后却重新长出来了呢？"

孔墨庄叔叔："呵呵，这是因为卫生球的粉末会以分子或者离子的形式溶解在酒精里面，并且像淘气的游泳者一样不停地运动着。不过，当运动着的分子或离子遇上固体表面的时候，它们就会重新凝结。我们实验时试管中的溶液是一种饱和溶液，所以其浓度非常高，而浓度越高的液体，其中分子或离子的凝结过程就会越顺利，并最终使得残缺的卫生球再生了。"

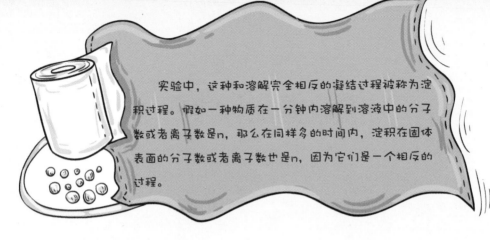

实验中，这种和溶解完全相反的凝结过程被称为淀积过程。假如一种物质在一分钟内溶解到溶液中的分子数或者离子数是n，那么在同样多的时间内，淀积在固体表面的分子数或者离子数也是n，因为它们是一个相反的过程。

准备实验器材的工作，孔墨庄叔叔又交给皮皮了。其他的东西都好说，最主要的是卫生球！那是什么东西呢？皮皮这是第一次听到这个词。想了半天，他凭着自己的理解找来了"卫生球"。

孔墨庄叔叔看着手中一个卫生纸团在一起的小球。

"这是什么，皮皮？"大叔不解地问。

"卫生球啊！你不是让我准备这个吗？"皮皮回答道。

孔墨庄叔叔："呵呵，皮皮，你理解错了。我所说的卫生球也叫卫生丸，是一种用萘制成的球状物，有特殊的气味，放在衣物里，可以防止虫蛀。我们在超市中就可以买到的。"

谁让雪融化了?

你需要准备的材料:

☆ 适量食盐

☆ 适量雪

☆ 一个小盘子

◎实验开始:

1. 在雪地或者冰箱里取一些干净的雪放在小盘子中(这个实验最好在下雪天做,有利于观察实验结果);

2. 在保持温度低于零摄氏度的情况下,在一部分雪面上撒少量的食盐,另一部分保持原状;

3. 将小盘子在低温中静置几分钟,观察雪的变化。

零摄氏度

◎ 有趣的发现：

虽然还是处于零下的气温状态，但是雪却慢慢融化了！

气温：零下

皮皮："孔墨庄叔叔，为什么其他的雪没有融化，而撒上食盐的雪却化了呢？是不是食盐在其中起到了什么作用？"

孔墨庄叔叔："聪明的小家伙！我们知道，正常情况下，水的结冰点是零摄氏度，同一情况下食盐饱和溶液的结冰点却是零下二十一摄氏度。试想一下，将这两种结冰点相差巨大的物质放在一起，会有什么效果呢？当然是大大降低了水的结冰点啦。这样，即使温度在零摄氏度以下，水也不结冰，而雪只能化成水了。而没有撒盐的雪，其结冰点没有变化，所以仍然保持雪的形态。"

大雪封锁道路的时候，负责道路维护的环卫工人总是在大雪或者冰面上撒上大量的粗盐。这么做的目的，其实就是为了降低水的结冰点，加快雪和冰的融化速度，从而在最短时间内使得交通恢复通畅。

皮皮最近有了一项新的爱好——收集食盐。他不但把自己的零花钱都用来买食盐，还鼓励身边的小朋友和爸爸妈妈一起购买呢！

"买那么多食盐做什么呢？"丹丹和嘉嘉都非常不理解地问。

"嘿嘿，这你们就不懂了吧？如果我有足够多的食盐，冬天下雪的时候，我就可以用食盐来化雪呀！"皮皮回答道。

"那你冬天再买不行吗？"丹丹反问道。

"到了冬天，食盐一定早就卖光了呀！"皮皮说。

"可是，卖光了商店还会再进呀！"嘉嘉说。

"……"皮皮无言以对。

长"把"的鸡蛋

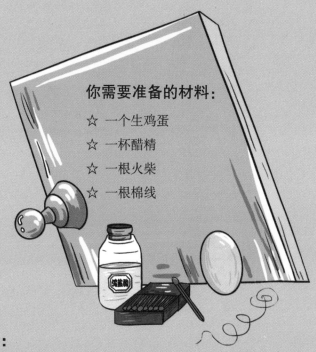

你需要准备的材料：

☆ 一个生鸡蛋

☆ 一杯醋精

☆ 一根火柴

☆ 一根棉线

◎实验开始：

1. 在生鸡蛋的同一部位滴几滴浓盐酸，然后将鸡蛋放在一边待用；

2. 用棉线系住火柴棍的中间部分，然后用火柴棍扎破鸡蛋上滴浓盐酸的位置，并将火柴棍横置在鸡蛋壳的破口处。

◎有趣的发现：

拉起棉线，鸡蛋便会被提起来，好像长了"把"一样。

丹丹："孔墨庄叔叔，有一点我非常奇怪：为什么火柴棍能够扎破鸡蛋滴醋精的位置，而且能够不把鸡蛋打破呢？"

孔墨庄叔叔："丹丹，你真是个细心的姑娘。你过来摸摸火柴棍横置的位置，看看有什么不同！"

丹丹："呀，这个地方是软的，和其他位置的鸡蛋壳不一样！"

孔墨庄叔叔："呵呵，这就是鸡蛋长'把'的秘密。醋精的主要成分是醋酸，蛋壳的主要成分是碳酸钙，而碳酸钙非常容易和醋酸发生化学反应。这样，鸡蛋外层坚固的蛋壳就变软了，火柴棍自然也就可以轻松地穿进蛋壳里面了。"

说到鸡蛋，人们总会不自觉地想到一个关于鸡和鸡蛋的千古难题——世界上到底是先有鸡，还是先有蛋呢？关于这个问题，你的回答是什么呢？也许有一天，亲爱的你能够为大家找到最科学的解释噢。

长"把"的鸡蛋！真是太有意思了，皮皮做完实验之后，还拿着鸡蛋的"把"爱不释手。可是，当他拿着鸡蛋晃着晃着的时候，突然发现了一些不对劲。他把鸡蛋重新拿起来仔细一看。啊，孔墨庄叔叔做实验的这个鸡蛋还是煮熟的呢，哈哈，一会儿我要是饿了，就把它吃了吧！

石头搬家的秘密

你需要准备的材料:

☆ 两个大烧杯

☆ 适量清水

☆ 适量熟石灰

☆ 一根吸管

☆ 一根玻璃棒

☆ 一个酒精灯

☆ 一个打火机

◎ **实验开始:**

1. 将熟石灰放进装有清水的烧杯中,用玻璃棒搅拌,使之溶解,直至熟石灰不能再溶解的时候为止;

2. 静置一段时间,将烧杯上层的清水倒进另一个烧杯中;

3. 从吸管中往第二个烧杯的溶液中吹气,观察其变化;

4. 继续吹气,继续观察其中的变化;

5. 当烧杯中的水变得清澈之后,用打火机点燃酒精灯,稍微给烧杯中的溶液加热,观察其变化。

吹气

◎ 有趣的发现：

当我们向烧杯中的清水吹气的时候，有趣的事情就发生了：水由清澈变得浑浊，然后又变清澈，加热之后，再次变得浑浊。

皮皮："孔墨庄叔叔，这杯水真是太有意思了，变来变去的，也不知道为什么！"

孔墨庄叔叔："其实，第二杯烧杯中的清水是熟石灰溶解在水中形成的饱和溶液——氢氧化钙。我们呼出的二氧化碳气体会和氢氧化钙反应，生成白色固态的颗粒，这样水就又变浑浊了。与此同时，我们吹出的另一部分二氧化碳溶解在水中，生成了碳酸，而碳酸和碳酸钙又能够发生化学反应，从而生成了能够溶解在水中的碳酸氢钙，水便再次变清了。最后，碳酸氢钙遇热，释放二氧化碳，生成不溶于水的碳酸钙，水再次变浑浊。"

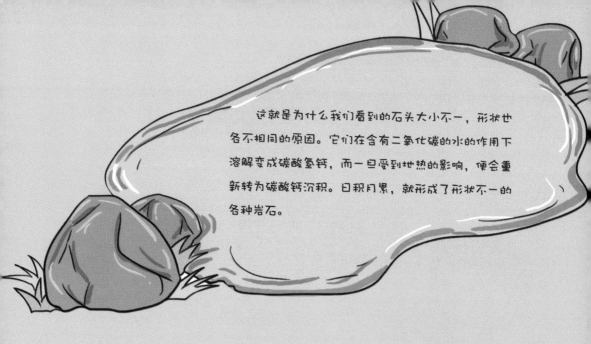

这就是为什么我们看到的石头大小不一，形状也各不相同的原因。它们在含有二氧化碳的水的作用下溶解变成碳酸氢钙，而一旦受到地热的影响，便会重新转为碳酸钙沉积。日积月累，就形成了形状不一的各种岩石。

我吹，我吹，我再吹！可是皮皮发现，不管他怎么用力地对着吸管吹气，烧杯中的熟石灰溶液都没有变浑浊，更没有发生孔墨庄叔叔所说的一系列变化。他的腮帮子都吹酸了。怎么会这样呢？

孔墨庄叔叔走了过来，笑着对他说："呵呵，皮皮，刚才你是不是没有认真看我做实验啊？你的做法是不正确的，你要将吸管放在水中，而不是放在水面上吹！"

被赶出来的铜

GOOD-BYE!

你需要准备的材料：

☆ 20毫升硫酸铜溶液

☆ 一块小锌片

☆ 一支试管

◎ 实验开始：

1. 将干净的锌片放进试管中；

2. 往试管中倒入20毫升的硫酸铜溶液；

3. 几分钟之后，将锌片从试管中取出。

（此实验中的硫酸铜具有一定的危险性，请家长陪同一起完成。）

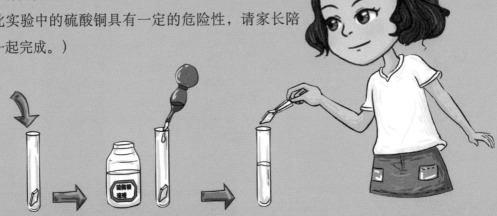

◎有趣的发现：

你将会发现拿出来的锌片已经不再是锌片，而是红色的"铜片"了。

皮皮："孔墨庄叔叔，锌片真的变成铜片了，真是太难以想象了。为什么会这样啊？"

孔墨庄叔叔："呵呵，这块铜片并不完全是铜片，只是在锌片的表面覆盖了一层薄薄的铜而已。为什么会这样呢？因为锌是一种化学性质非常活泼的金属，而铜属于不太活泼的金属，当两者相遇的时候，不活泼的铜就会被锌从硫酸铜溶液中'赶'出来。被'赶'出来的铜，就'跑'到锌片上去了。"

什么叫金属的活泼性呢？是指金属在水溶液中失去电子的能力。越活泼的金属，其失去电子的能力也就越强。这样一来，它们与氧、酸发生反应的剧烈程度就会高于其他金属。实验中的锌片就是"抢"着和硫酸铜中的盐溶液发生反应，最后才把铜给置换出来的。

"嘉嘉，我们现在再去一趟实验室吧！"皮皮突然对自己的好朋友说。

"为什么？"嘉嘉当然十分不理解皮皮为什么这么做了。

皮皮："因为我还想自己再重复一下今天上午孔墨庄叔叔做的实验。"

嘉嘉："为什么呢？"

皮皮："我想多做点铜片，然后我们可以和那些伙伴换小汽车玩具玩了！"

嘉嘉："……"

在水面又蹦又跳的金属

你需要准备的材料：

☆ 一个脸盆

☆ 适量清水

☆ 一块米粒大小的金属钠

◎ 实验开始：

1. 往脸盆中加入半盆清水；

2. 将金属钠放在水面上，观察其变化。

◎有趣的发现：

这种金属不但能浮在水面上，而且在水面上又蹦又跳，好像一个贪玩的小孩子。

皮皮："孔墨庄叔叔，我以前听老师说过，金属钠的比重比水轻，所以它能够浮在水面上。可是，它为什么能又蹦又跳的呢？"

孔墨庄叔叔："呵呵，金属钠的性质可不只是比重比水轻噢，它还是活性非常强的一种金属呢。它能够和水发生剧烈的化学反应，生成氢氧化钠和氢气。不但如此，在这个反应过程中，还有大量的热被散发出来。这些热量会和氢气一起把没有反应完的钠托起来，使得它看起来就像跳起来了一样。等到钠重新回到水面时，又会继续和水反应，直到完全变成氢氧化钠为止。"

正是因为金属钠的活性非常强，所以大家在做实验的时候，一定不要使用太大的金属钠，也不要在脸盆中加入过多的水。否则，金属钠从水面跳起来的时候，就有可能伤到做实验的人。

"一个人，如果总是上蹿下跳，不能够脚踏实地地做人处事，那他就是疯了。"晚上吃饭的时候，皮皮听见爸爸评论公司的一个同事。

皮皮听到这句话后，不禁产生了疑问："那今天孔墨庄叔叔做实验的时候，金属钠在盆中也又蹦又跳的，是不是金属钠也不踏实，也疯了呢？"

水下燃烧的蜡烛

你需要准备的材料：

☆ 一个玻璃杯

☆ 一根蜡烛

☆ 一个打火机

☆ 适量清水

◎ 实验开始：

1. 将蜡烛固定在玻璃杯的底部；

2. 用打火机将蜡烛点燃；

3. 往玻璃杯中加入清水，直至蜡烛边缘。

◎ 有趣的发现：

随着蜡烛的燃烧，当清水漫过烛芯、蜡烛低于水面的时候，蜡烛依然没有熄灭。

皮皮："嘉嘉，你看，蜡烛真的在水底燃烧着呢！"

嘉嘉："是啊，简直太神奇了！我都不敢相信自己的眼睛了。不是说水火不容吗？孔墨庄叔叔，这到底是怎么回事呢？"

孔墨庄叔叔："呵呵，这是因为蜡烛燃烧过后，会生成二氧化碳和水，它们会沉淀在蜡芯的凹槽处，并且形成一层保护空间。这样一来，即使处于水下，蜡烛依然能够燃烧。"

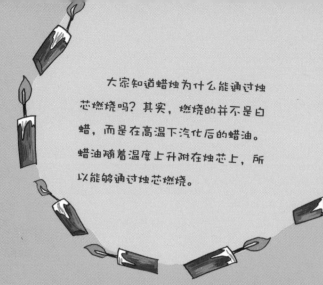

大家知道蜡烛为什么能通过烛芯燃烧吗？其实，燃烧的并不是白蜡，而是在高温下汽化后的蜡油。蜡油随着温度上升附在烛芯上，所以能够通过烛芯燃烧。

孔墨庄叔叔有一个习惯，那就是他做事的时候非常专心。每次做实验的时候，他总会不停地提醒自己接下来要做什么。比如要拿蜡烛的时候，大叔就会一直说："蜡烛，蜡烛，蜡烛！"

今天，刚好在做这个"水下燃烧的蜡烛"实验时，皮皮突然问了一句："孔墨庄叔叔，你最喜欢吃的东西是什么呀？"

"蜡烛！"孔墨庄叔叔想都没想就随口回答道。

汗流满面的墙

你需要准备的材料：

☆ 适量生石灰

☆ 适量清水

☆ 一个塑料盆

☆ 一把小刷子

◎**实验开始：**

1. 往塑料盆中倒入大半盆清水，然后将生石灰倒进清水中，使其形成熟石灰膏；

2. 用小刷子蘸取适量的熟石灰膏刷在墙面上，观察墙面的变化。

◎ 有趣的发现:

一段时间之后，刷上熟石灰膏的墙面开始出现水珠。慢慢地，水珠竟然就像人们脸上的汗滴一样湿漉漉的。

皮皮: "孔墨庄叔叔，为什么墙会变得湿漉漉的呢? 该不会真的是因为天气太热， 所以'出汗'了吧?"

孔墨庄叔叔: "哈哈，当然不是! 生石灰加入水中之后，和水发生了化学反应，生石灰变成了熟石灰。而熟石灰涂在墙上之后，会和空气中的二氧化碳接触，并发生反应，生成不溶于水的碳酸钙和水。碳酸钙附着在墙面上，而水就只好顺着墙面流下来，变成'汗'啦。"

碳酸钙是一种完全不能溶于水也不溶于酸的物质，它的分布非常广，一般存在于各种岩石中，比如霰石、方解石、石灰岩、大理石。人体或者动物骨骼的主要成分也是它呢！

因为实验室的墙壁旁边都摆满了实验器材，所以这个实验并不是在实验室中进行，而是在孔墨庄叔叔家的一个房间内。

皮皮将墙壁刷上熟石灰之后，就喊孔墨庄叔叔过来，他们要一起见证实验的成功或者失败。可是，孔墨庄叔叔却突然惊叫一声："皮皮，你在这面墙上刷了熟石灰水？"

皮皮："是啊！你不是说我可以随便刷吗？"

孔墨庄："你没看见那上面有我画的画吗？"

皮皮："啊，原来那是张画呀？我以为那里脏了，所以还想重新刷白一下呢！"

孔墨庄："……"

灯泡里为什么不能有空气呢？

你需要准备的材料：

☆ 一支手电筒

☆ 一张铁砂纸

◎ **实验开始：**

1. 打开手电筒的开关，检查灯泡是否能够正常工作；

2. 将手电筒中的灯泡取下，用铁砂纸将灯头的玻璃磨掉一小部分；

3. 将灯泡重新安装在手电筒上，打开开关。

◎有趣的发现：

手电筒打开后不久，灯泡里面的钨丝就被烧断了。

丹丹："奇怪！这个手电筒上的灯泡明明是爸爸最近才换上去的，一般可以用大半年的，为什么今天这么轻易就把灯丝烧掉了呢？"

皮皮："哈哈，这一定和空气有关。让我们听听孔墨庄叔叔怎么说吧。"

孔墨庄叔叔："呵呵，正是！灯泡生产的时候，内部的空气是必须完全抽掉，灯泡里面是真空的。但是我们用来做实验的灯泡被磨破了，从而使得一部分氧气进入其中。灯泡中的钨丝会在高温的情况下和氧气发生化学反应。这样一来，钨丝就不能很好地导电，还会被烧断。所以通电后，钨丝就在高温有氧的条件中烧断了。"

灯泡在出厂的时候，为了保证其使用寿命，厂家会在灯泡内充入惰性气体，它们能有效地防止灯丝的氧化。当然，灯丝质量的好坏也决定了灯泡使用寿命的长短。

　　皮皮找嘉嘉借灯泡做实验，但是嘉嘉不借，还笑嘻嘻地说："你要想借灯泡，除非求我。"

　　没想到皮皮真的求他，孔墨庄叔叔立刻大吃一惊地问："皮皮，嘉嘉和你开玩笑的。"

　　皮皮说："没关系，他一会儿会求我还给他的。"

脏水变清的实验

你需要准备的材料：

☆ 两个玻璃杯

☆ 适量井水

☆ 一根玻璃棒

☆ 适量明矾

☆ 一个乳钵

◎ **实验开始：**

1．用乳钵将明矾捣碎；

2．在两个玻璃杯中分别倒入半杯井水；

3．往其中一个玻璃杯中加入少量明矾粉末，并用玻璃棒搅拌，另一个杯子保持原样；

4．静置一段时间之后，观察两个杯子的情况。

◎有趣的发现：

加了明矾的玻璃杯，上部分的水非常清澈，而底部却沉积了一些泥沙之类的东西；没有加明矾的杯子虽然看起来是清澈的，但是和另一杯上部分的水质相比，明显浑浊得多。

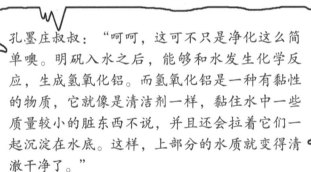

皮皮："孔墨庄叔叔，这是不是说明明矾能够净化水里的脏东西呢？"

孔墨庄叔叔："呵呵，这可不只是净化这么简单噢。明矾入水之后，能够和水发生化学反应，生成氢氧化铝。而氢氧化铝是一种有黏性的物质，它就像是清洁剂一样，黏住水中一些质量较小的脏东西不说，并且还会拉着它们一起沉淀在水底。这样，上部分的水质就变得清澈干净了。"

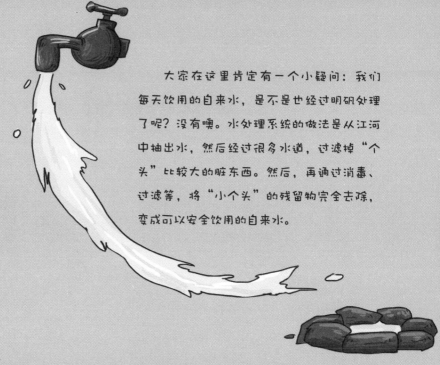

大家在这里肯定有一个小疑问：我们每天饮用的自来水，是不是也经过明矾处理了呢？没有噢。水处理系统的做法是从江河中抽出水，然后经过很多水道，过滤掉"个头"比较大的脏东西。然后，再通过消毒、过滤等，将"小个头"的残留物完全去除，变成可以安全饮用的自来水。

　　孔墨庄叔叔的实验进行得非常顺利，他成功地将皮皮端来的那盆脏水变得干干净净。只不过在实验过程中，孔墨庄叔叔始终能够隐隐约约地闻到一股不知道从哪来的臭味。最后，他决定问问皮皮有没有闻到。

　　"有啊！闻到好久了。"皮皮说。

　　"真不知道这股臭味是哪里来的！"孔墨庄说。

　　"水里呀！"皮皮说。

　　"水里哪来的臭味？"孔墨庄说。

　　"因为这盆脏水是我妈妈昨天洗菜用的水，我一直都没倒掉呢，哈哈！"皮皮说。

烟火的秘密

你需要准备的材料:

☆ 一根蜡烛

☆ 一个打火机

☆ 一个盘子

☆ 适量清水

☆ 适量蔗糖

☆ 适量食盐

☆ 适量硫磺粉

盐

糖　　硫磺

◎ 实验开始:

1. 用打火机点燃蜡烛,并将蜡烛固定在盘子中;

2. 往盘子里加入少量清水;

3. 蜡烛燃烧的同时,轻轻朝火焰处一次撒少量的蔗糖、食盐以及硫磺粉,观察火焰颜色的变化。

(此实验具有一定的危险性,请家长陪同一起完成。)

◎有趣的发现：

朝火焰撒不同物质时，我们可以看到烛火的颜色也会随之发生改变。

皮皮："孔墨庄叔叔，这是怎么回事呢？当我撒食盐的时候，烛火是一种颜色的光；而当我撒硫磺粉的时候，烛火的颜色又改变了。"

孔墨庄叔叔："呵呵，这是因为不同物质在燃烧时会发出不同颜色的光。比如蔗糖燃烧时产生的是蓝光；食盐种含有钠离子，燃烧时产生的是黄色光；硫磺粉燃烧时产生的是淡蓝色光。金属也一样，比如铜燃烧时产生的是蓝绿色光，铁燃烧后产生的是黄色光，钾燃烧后产生的是浅紫色光。"

丹丹："那么，我们看到的五光十色的烟火也是因为它里面有各种各样的不同物质，所以在燃烧时绽放出五颜六色的光吗？"

孔墨庄叔叔："正是这样！"

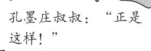

很早以前，我们充满智慧的祖先就发明了烟花。他们把各种各样的金属按照不同的顺序排列在烟花里面，当导火线被引燃之后，烟花中的各种金属就会因为燃烧而发出属于它们的色彩，在漆黑的天空中绽放出耀眼的光之"花朵"。

孔墨庄叔叔看见皮皮坐在椅子上，眼睛盯着眼前的实验器材，好像在想着什么。他走过去，关心地问怎么了。

皮皮抬起头，对孔墨庄叔叔说："大叔，你说说，我应该分享什么秘密给烟火呢？"

"你为什么要告诉它你的秘密呢？"

"因为你让我知道它的秘密了呀！嘉嘉每次让我知道他的秘密之后，都要我用自己的秘密交换。烟火肯定也一样啊！"

"皮皮，我认为——它不想知道你的秘密！"

猜猜看，铁为什么会生锈

你需要准备的材料：

☆ 适量清水

☆ 一个烧杯

☆ 一个酒精灯

☆ 三枚没生锈的铁钉

☆ 三个玻璃杯

☆ 一个打火机

☆ 适量食用油

◎**实验开始：**

1. 用打火机点燃酒精灯，将烧杯中加入半杯水，然后放在酒精灯上加热；

2. 将加热过的水倒进第一个玻璃杯，并往里面放入一枚铁钉之后，在水面滴几滴食用油；

3. 取出第二个杯子，往里面加入半杯凉水，并将一枚表面涂有食用油的铁钉放入这一玻璃杯中；

4. 往最后一个玻璃杯中加入清水，将最后一枚铁钉放进去；

5. 静置一天后，观察三个玻璃杯中铁钉的情况。

（此实验具有一定的危险性，请家长陪同一起完成。）

◎有趣的发现：

到了第二天，你会发现，第一个玻璃杯和第二个玻璃杯里面的铁钉都没有生锈，但是第三个玻璃杯中的铁钉却生锈了。

皮皮："孔墨庄叔叔，这三枚铁钉有什么不一样的地方吗？"

孔墨庄叔叔："呵呵，皮皮，铁钉并没有不一样的地方，不一样的是它们所在的环境。我们知道，铁制品生锈的必要条件有两个，一个是要与水接触，还有一个是要与氧气接触。这三枚铁钉虽然全部浸泡在水中，但第一个玻璃杯中的氧气已经在加热的过程中跑出去了，而水面的食用油又阻止了新的氧气进入，所以水中就没有了氧气，它就不满足生锈的条件；第二个杯子中的铁钉一开始就涂上了食用油，因此水中即使有氧气，也无法和铁相接触而发生氧化反应；而第三个杯子中的铁钉没有任何预防措施，它满足了生锈的条件，所以只有它上面有铁锈。"

其实，铁制品生锈是生活中常遇到的小麻烦。除了及时预防之外，我们还可以采用一些简单方便的方法来清除铁制品上的锈迹。具体有什么好办法呢？试试用维生素C和草酸除铁锈吧。

做完实验之后，皮皮快速地跑回家去，将家中所有的铁制品都集中在一起，还拿了一桶食用油。妈妈看到后，不知道他要干什么，就跟在他的身后一看究竟。只见皮皮一手拿着刷子，一手拿着一个小铁锅，正往铁锅上刷油呢。

妈妈："皮皮，你这是干什么？"

皮皮："孔墨庄叔叔给我们做实验说，只要铁制品上刷了食用油，就不会生锈了！"

复制报纸

你需要准备的材料:

☆ 一勺松节油
☆ 一勺洗洁精
☆ 一张旧报纸
☆ 一块海绵
☆ 适量清水
☆ 一张白纸
☆ 一个玻璃杯

清水

松节油

洗洁精

◎实验开始:

1. 在干净的玻璃杯中放一勺松节油、一勺洗洁精、两勺清水,并将溶液搅拌均匀;

2. 用海绵蘸取适当溶液,涂抹在旧报纸的字画部分;

3. 将白纸覆盖在涂过溶液的位置,并用手来回均匀地按压。

1:1:2

◎有趣的发现：

按压一段时间之后揭开白纸，你将会神奇地发现，报纸上的字画被清晰地复制到白纸上了。

皮皮："是啊，我复制的图片也很清晰。这究竟是什么原因呢？"

丹丹："皮皮，你看，我复制的这段新闻非常清楚呢！"

孔墨庄叔叔："呵呵，这都是因为将松节油和洗洁精混合之后，会产生一种物质，功能类似于感光乳胶，它的作用是让干燥的报纸重新变得湿润，这样字迹才有可能被复制下来。这时候，将白纸按压上去，自然就能起到复制的效果啦。"

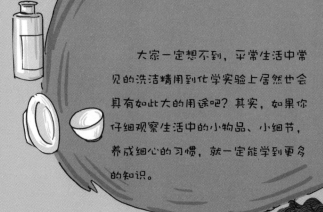

大家一定想不到，平常生活中常见的洗洁精用到化学实验上居然也会具有如此大的用途吧？其实，如果你仔细观察生活中的小物品、小细节，养成细心的习惯，就一定能学到更多的知识。

复制报纸之前，皮皮特意千挑万选，选择一个他觉得最好玩的内容复制下来。孔墨庄叔叔一开始的时候并没有看报纸，所以当他捧着茶杯，看到最后复印在报纸上的字时，大笑得把嘴里的茶全喷出来了。

让铜币更加闪亮吧!

你需要准备的材料:

☆ 两个透明玻璃杯

☆ 一个小盘子

☆ 一根滴管

☆ 适量食盐

☆ 适量清水

☆ 适量食醋

☆ 两枚铜币

☆ 一块棉布

◎ 实验开始:

1．取一只玻璃杯，往其中注入小半杯清水后，往里面加入食盐，直到食盐不再溶化，形成饱和溶液为止；

2．在另一个玻璃杯中倒入一勺食醋，然后加入一勺饱和的食盐水；

3．将铜币放进小盘子中，用滴管将食盐水和醋的混合溶液滴在上面，直到铜币完全被包围；

4．一个小时之后拿出铜币，用棉布擦干。

◎有趣的发现：

和没有"清洗"过的铜币相比，这枚刚刚擦干的铜币显然闪亮很多。

丹丹："孔墨庄叔叔，您做的这个实验不会将铜币洗去一层了吧？不然怎么会这么闪闪发光呢？"

孔墨庄叔叔："哈哈，当然不是。那样不就毁坏铜币了吗！其实，这是因为食盐水和醋相遇之后发生了化学反应，生成了稀盐酸溶液。它能够清除掉铜币上面的氧化物，让它在短暂的时间内闪亮如新。"

小朋友们，你们知道孔墨庄叔叔为什么说短时间内能让铜币闪闪发光吗？那是因为当铜币再次遇到空气中的水和氧气之后，会重新被氧化的。

　　孔墨庄叔叔的实验最后被皮皮给毁了。他是这样对皮皮说的："皮皮，我让你拿一瓶白醋过来，你却买了一瓶黑色的。黑色的就黑色的吧，可你为什么拿过来的是一瓶酱油呢？"

　　"因为都是黑色的，所以我弄错了嘛！"皮皮笑嘻嘻地说。

神秘的符咒

你需要准备的材料：

☆ 三块姜黄（药店有售）

☆ 半瓶白酒

☆ 一个带盖子的玻璃杯

☆ 一把小刀

☆ 适量肥皂水

☆ 一张废纸

☆ 一个小刷子

◎ 实验开始：

1. 用小刀将姜黄切成小块，放进装有半瓶白酒的玻璃杯中，盖紧杯盖；

2. 当白酒变成深黄色之后，用小刷子蘸取玻璃杯中的液体涂满整张废纸；

3. 将小刀蘸上肥皂水，然后划过涂了溶液的废纸。

◎有趣的发现：

你将会发现废纸好像是活的一样，流出了红色的"血"。

皮皮："太可怕了，感觉我们不是在做实验，倒像在玩超级玛丽。孔墨庄叔叔，这个该不会召唤那些可怕的东西吧？"

孔墨庄叔叔："呵呵，胆小鬼！你仔细看看，这并不是真的血。姜黄中有一种姜黄素，如果长时间让它浸泡在白酒里面，它就会溶解掉一部分。这时，如果把混合着白酒的姜黄素涂到废纸上，就会在肥皂水的作用下显现出红色。"

在电视剧中，我们经常看到一些装神弄鬼的道长或者大师动不动就请出自己神通广大的驱鬼符。其实，这些符咒之所以产生"鲜血淋漓"的效果，就是因为他们懂得并且运用了这个原理。

　　皮皮的爸爸妈妈正在看电视，皮皮突然冲进来，二话不说，扔了一个大大的纸团就走了。皮皮的妈妈捡起来一看，上面"血迹斑斑"。她赶紧追上皮皮。

　　妈妈："皮皮，你哪里流血了？赶紧让我看看。"

　　皮皮没有答话，心中暗自窃喜：哈哈，果然不出我所料，妈妈真的上当了！

红糖变白糖

红糖

活性炭

你需要准备的材料：

☆ 一勺红糖

☆ 三勺活性炭

☆ 两个玻璃杯

☆ 一个漏斗

☆ 一张滤纸

☆ 一根玻璃棒

☆ 适量凉白开

滤纸

凉开水

◎实验开始：

1．将红糖放进装有凉白开的玻璃杯中，并用玻璃棒搅拌，使之完全溶解。这时候，红糖水呈现出棕红色；

2．往玻璃杯中加入活性炭，也用玻璃棒搅拌，并静置一段时间；

3．将滤纸放进漏斗中，过滤红糖水，把过滤后的糖水装入另一个玻璃杯中；

4．再次将活性炭放进过滤后的糖水中，用玻璃棒重新搅拌；

5．再次将玻璃杯中的溶液过滤，直到液体的颜色成为透明色。

活性炭

◎有趣的发现：

最后过滤出来的水很明显不是红糖水了，可如果你尝尝杯子中的水，就会发现它依然是甜的。

皮皮："孔墨庄叔叔，红糖水真的变成白糖水了呢！"

丹丹："原来真会如此！"

孔墨庄叔叔："当然，我可不会骗人！原因其实很简单，活性炭具有非常强的吸附性，它将红糖中的色素和杂质都吸附到自己身上，从而使红糖褪去颜色，变成了白糖。"

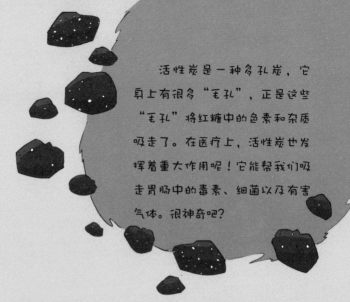

活性炭是一种多孔炭，它身上有很多"毛孔"，正是这些"毛孔"将红糖中的色素和杂质吸走了。在医疗上，活性炭也发挥着重大作用呢！它能帮我们吸走胃肠中的毒素、细菌以及有害气体。很神奇吧？

晚饭后，爸爸去卫生间准备洗澡。可是，他到浴缸面前一看，里面是一缸不知道哪里弄来的黑炭，黑炭下面还躺着一个酷似人形的东西。爸爸正在大叫的时候，那个"人形"说话了："爸爸，我是皮皮！"

"皮皮，你在做什么？"爸爸拍着胸口疑惑地问。

"我在美白呀！黑炭可以吸走我身上的黑色素，让我变白，那样大家就不叫我黑小子了！"

吹气球的醋瓶子

小苏打

你需要准备的材料：

☆ 两勺小苏打

☆ 一个小瓶子

☆ 一只气球

☆ 半瓶醋

☆ 一卷棉线

醋

◎ 实验开始：

1. 将三分之一的醋倒进小瓶子中；

2. 将小苏打放进没吹过的气球中；

3. 将气球口套在瓶口上，并用棉线紧紧绑住；

4. 抖动气球中的小苏打，使它落进下面的醋瓶里。

醋　　　　　小苏打

◎有趣的发现：

不一会儿，气球就开始自己鼓起来了。

皮皮："丹丹，你快看哪，气球真的被吹起来了！真好玩！"

丹丹："是啊是啊！可是这到底是为什么呢？"

孔墨庄叔叔："这是因为小苏打和醋相遇之后会发生化学反应，生成二氧化碳气体。二氧化碳气体上升，就会充满气球，最后将气球吹鼓起来了。"

为什么小苏打和醋会发生化学反应呢？这是因为小苏打是碳酸氢钠，它是一种碱性物质，而醋酸是一种酸性物质，当酸性物质和碱性物质相遇之后就会发生化学反应了。

皮皮看完孔墨庄叔叔做的实验后，回到家中，对妈妈说："妈妈，今天孔墨庄叔叔给我们做了实验，吹气球可以不用嘴吹了。"

妈妈："啊？吹气球不用嘴用什么呀？"

皮皮："可以用小苏打和醋啊，以后我们的亲戚朋友家举行什么庆典活动，如果需要吹气球的话，我一个人就可以完成了！哈哈哈！"

马铃薯 "脚软了"

你需要准备的材料：

☆ 一只马铃薯
☆ 两个玻璃杯
☆ 适量清水
☆ 少量食盐
☆ 一把小刀

马铃薯

水

盐

◎实验开始：

1．用小刀将马铃薯去皮，然后切出两个6厘米左右厚度的马铃薯片（此步骤需要家长帮忙完成）；

2．分别将两个玻璃杯中倒入三分之一的清水，并在其中一个杯子内放入少量的食盐；

3．将马铃薯片分别放进两个玻璃杯中，15分钟之后再拿出来。

◎**有趣的发现:**

经过比较之后，我们很轻松地就能发现，泡在清水中的马铃薯片依然很硬，而泡在盐水中的马铃薯片却变得软软的了。

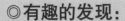

水分子

丹丹: "哈哈，一定是泡在盐水中的马铃薯片被腌渍之后就变软了。"

孔墨庄叔叔: "可是，丹丹，你能告诉我们为什么马铃薯片被腌渍之后就变软了吗？"

丹丹: "这个——我也不知道啊！"

孔墨庄叔叔: "这是因为浸泡在清水中的马铃薯片细胞里面的盐分和清水相比，浓度更高，而液体会从浓度低的地方跑到浓度高的地方去，所以它从杯子中吸收了更多的清水；而泡在盐水中的马铃薯片刚好相反，细胞内的盐浓度低于食盐水，水分反而从里向外流，所以拿出来之后，它就变软了。"

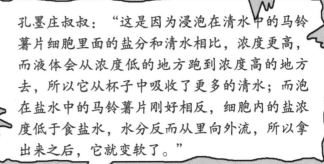

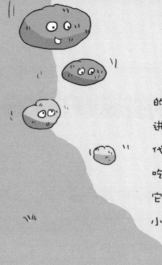

马铃薯其实就是我们常说的土豆，它是明朝时从外国引进的一种粮食作物。在中国古代，很多地方的人没有白米饭吃，这时候就只能吃土豆了。它为人类的延续可是做出了不小的贡献噢。

"孔墨庄叔叔，马铃薯是不是红薯？"皮皮问。

"不是，是土豆！"孔墨庄叔叔说。

"那土豆是不是红薯？"

"不是，土豆是马铃薯！"

"那红薯是不是马铃薯？"

"……"

补皮鞋的妙方

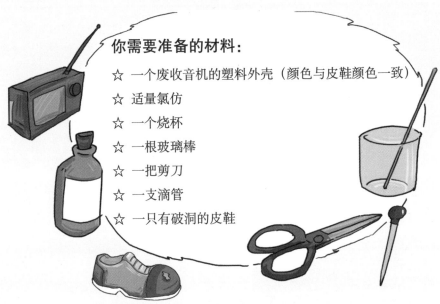

你需要准备的材料：

☆ 一个废收音机的塑料外壳（颜色与皮鞋颜色一致）

☆ 适量氯仿

☆ 一个烧杯

☆ 一根玻璃棒

☆ 一把剪刀

☆ 一支滴管

☆ 一只有破洞的皮鞋

◎实验开始：

1．用剪刀将收音机的外壳剪碎，放进装有氯仿的烧杯中浸泡一天；（此步骤需要家长帮忙完成）

2．一天后，用玻璃棒搅拌烧杯中的物质，将其搅拌成黏稠的黏合剂；

3．用滴管滴几滴氯仿在皮鞋破掉的地方，然后用玻璃棒将搅拌好的黏合剂涂在破洞处。将皮鞋放置一天。

◎有趣的发现：

一天之后，被修补的皮鞋晾干了。用抹布擦干之后，你就会发现破洞不见了。擦上鞋油之后，鞋子简直就跟新的一样。

皮皮："哇，真的是一点痕迹都看不出来呢！"

孔墨庄叔叔："那是。我一直就是用这个方法补皮鞋的！其实，这里面的原理非常简单，氯仿是一种有机溶剂，而塑料、尼龙之类的物品能够溶解在有机溶剂中。因此，我们先将收音机的外壳放进氯仿中溶化，然后将它们涂在皮鞋上。随着氯仿的蒸发，塑料、尼龙就会在皮鞋上重新凝固，从而修补了皮鞋的破洞。"

氯仿

如果家里没有废旧收音机的外壳也可以做实验哦！你只要找一只尼龙袜，将它剪碎，然后放进氯仿和石碳酸以5：3混合的溶液中，一样可以制成黏稠的黏合剂，修补好皮鞋破损的地方。

氯仿 →

→ 黏合剂

皮皮跟在妈妈屁股后面，一直在重复同一句话："妈妈，求求你，帮我买一双皮鞋吧！帮我买一双皮鞋吧！帮我买一双皮鞋吧！"

"儿子，你现在还太小，不能穿皮鞋。"妈妈笑着说。可是皮皮不管，他还在重复："帮我买一双皮鞋吧！帮我买一双皮鞋吧！帮我买一双皮鞋吧！"

"你要皮鞋做什么呢？妈妈说。

"我不是买来穿的呀！我要把它划破，然后看看我自己做的鞋胶能不能补鞋！"

"你让妈妈买一双鞋给你划破啊？"

"是啊！我要实验一下！"

制作蟑螂药

面 硼砂 糖

你需要准备的材料:

☆ 10克硼砂

☆ 10克炒熟的面粉

☆ 5克糖

☆ 适量大蒜汁

☆ 一个玻璃杯

☆ 一根玻璃棒

☆ 一个乳钵

◎ **实验开始:**

1. 将硼砂放进乳钵中研碎后,放进玻璃杯中;

2. 往玻璃杯中加入糖、熟面粉和大蒜汁,用玻璃棒搅拌均匀,使其成为小面团;

3. 将调好的小面团放置在蟑螂出没的地方。

◎有趣的发现：

很快，小面团附近就出现了蟑螂的尸体。

皮皮："孔墨庄叔叔，没想到你制作的蟑螂药比药店中买的还管用，居然这么快就杀死了这么多的蟑螂。"

孔墨庄叔叔："这个蟑螂药之所以有奇效，是有原因的。硼砂是一种非常好的防腐和杀菌的物质，而大蒜里的大蒜素也有非常厉害的杀菌作用，将这两种'灭菌大宝'糅合在一起，蟑螂当然就必死无疑了。"

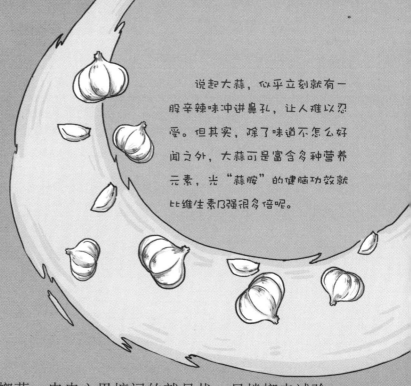

说起大蒜，似乎立刻就有一股辛辣味冲进鼻孔，让人难以忍受。但其实，除了味道不怎么好闻之外，大蒜可是富含多种营养元素，光"蒜胺"的健脑功效就比维生素B强很多倍呢。

制作好了蟑螂药，皮皮心里惦记的就是找一只蟑螂来试验一下。可是，平时不想找的时候蟑螂总在你眼前晃悠，现在想找的时候又怎么都找不到。

柜子里、壁橱里、抽屉里、厨房、卫生间、洗衣间、卧室……于是，妈妈回来的时候，就看见这样的景象了——柜子里的东西被翻得乱七八糟，客厅的茶几和椅子也都离开了原来的位置。而最后的结果就是，皮皮被妈妈狠狠地教训了一顿，哭丧着脸把弄乱的东西都恢复原位。

可以燃烧的方糖

你需要准备的材料：

☆ 两块方糖

☆ 两个空盘子

☆ 一盒火柴

☆ 烟灰适量

◎**实验开始：**

1．将一块方糖放在空盘子中，点燃，观察现象；

2．将第二块方糖放在空盘子中，先在方糖上涂抹一层烟灰，再点燃，观察现象。

◎有趣的发现：

你会发现，第一块方糖不会燃烧，只变成了褐色的焦糖；而第二块方糖涂上烟灰后，会燃烧起来。

皮皮："丹丹，是不是孔墨庄叔叔在第二块方糖上做了什么手脚？不然怎么第二块就能燃烧起来呢？"

丹丹："我都认真看了，孔墨庄叔叔没有做什么手脚，肯定是和烟灰有关系，孔墨庄叔叔，对吗？"

孔墨庄叔叔："呵呵呵，还是丹丹聪明。方糖的燃点是很高的，不容易燃烧，所以第一块方糖怎么也点不着。第二块方糖能被点燃的玄机在哪里呢？关键在烟灰。烟灰中含有金属锂，它在方糖的燃烧中起了催化作用，降低了方糖的可燃温度，所以方糖就燃烧起来了。"

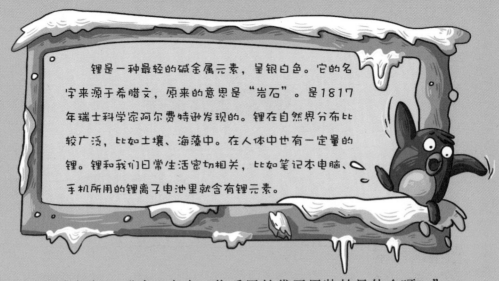

锂是一种最轻的碱金属元素，呈银白色。它的名字来源于希腊文，原来的意思是"岩石"。是1817年瑞士科学家阿尔费特逊发现的。锂在自然界分布比较广泛，比如土壤、海藻中。在人体中也有一定量的锂。锂和我们日常生活密切相关，比如笔记本电脑、手机所用的锂离子电池里就含有锂元素。

孔墨庄叔叔："咦，皮皮，你手里的袋子里装的是什么呀？"

皮皮："呵呵，保密……"

孔墨庄叔叔："弄得那么神秘，一定又想做什么坏事吧？"

皮皮："孔墨庄叔叔，我可不是做什么坏事啊，这东西是送给你的。是我收集的烟灰呀！"

孔墨庄叔叔："收集烟灰做什么？"

皮皮："呵呵，万一以后再做什么实验需要烟灰的话，你就不用费心去找了！"

变色的茶水

你需要准备的材料：

☆ 两个玻璃杯

☆ 适量茶叶

☆ 适量开水

☆ 几颗绿矾

☆ 适量草酸

草酸

绿矾

◎ 实验开始：

1. 将茶叶放进玻璃杯中，用开水泡开；

2. 茶水冷却之后，将没有茶叶的茶水倒入另一个玻璃杯；

3. 往茶水中放入几粒绿矾，观察茶水的变化；

4. 再往茶水中加入草酸，继续观察茶水的变化。

◎有趣的发现：

往茶水中加入绿矾的时候，我们可以看到茶色的水变成了黑色；而往黑色的茶水中投入草酸之后，茶水又变得清澈透明了。

皮皮："孔墨庄叔叔，这茶水是怎么回事，怎么颜色变来变去的呢？"

孔墨庄叔叔："这是因为茶水中含有一种叫'鞣酸'的物质。它和绿矾相遇之后，便会和其中的铁离子发生化学反应，生成鞣酸亚铁。而鞣酸亚铁极易被氧化，从而生成黑色的鞣酸铁，使茶水变黑。这时候，如果再往茶水中加入还原剂草酸，被氧化的鞣酸亚铁就可以被还原成原本无色的状态，所以茶水又变清澈了。"

鞣酸

绿矾

鞣酸亚铁 ＋ 草酸

小朋友们可能宁愿喝汽水也不喝茶。然而，茶在成年人之间却非常流行，人们喜欢喝茶、品茶、论茶。因此，茶成为了一种文化。茶文化发源于中国，却影响了全世界，现今世界上有一百多个国家和地区的人爱上了茶呢！

又到了喝茶的时间了，终于可以好好放松一下啦！可是，当孔墨庄叔叔把手伸进茶叶筒之后，脸上放松的表情马上就变了——茶叶筒空了。

"孔墨庄叔叔，有件事和您说一下，我刚才没有找到茶叶，所以把您的茶叶拿来了！倒茶叶的时候，一不小心全倒进去了，所以我全泡了。你要喝吗？"皮皮突然在门口说。

"一斤茶叶全倒进去了？"

"是啊，茶苦死了！我不喜欢喝，你都喝了吧！不要客气啊！"

"……"

在鸡蛋上雕花

你需要准备的材料：

☆ 一枚熟鸡蛋

☆ 一盒彩色画笔

☆ 一个玻璃杯

☆ 一瓶白醋

◎ 实验开始：

1. 在鸡蛋壳上画出图案，将鸡蛋放入玻璃杯中；

2. 往玻璃杯中加入白醋，将鸡蛋全部浸入白醋中；

3. 两个小时后，将玻璃杯中的白醋倒出来，再加入新鲜的白醋，让鸡蛋再在白醋中浸泡两个小时；

4. 将鸡蛋取出来，用清水洗干净，观察现象。

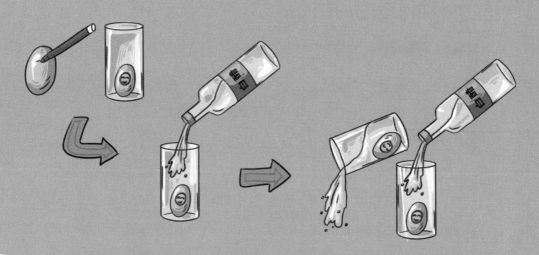

◎有趣的发现：

画在鸡蛋壳上的图案非常清晰地"雕"在了上面。

嘉嘉："哎呀，真漂亮啊，这可不可以称为'鸡蛋画'呀？"

皮皮："哈哈，实在太有意思了，孔墨庄叔叔，快把其中的原因告诉我们吧！"

孔墨庄叔叔笑着说："这是因为醋酸会和鸡蛋壳中的钙发生化学反应，鸡蛋壳上彩色笔画上的图案有颜料保护，不会受到醋的侵袭，所以会保持原来的模样。而鸡蛋壳其他部分被醋酸腐蚀了，因此图案就凸显出来，被'雕'到蛋壳上了。"

鸡蛋，大家应该都不陌生，是我们平时经常吃的一种食物，可以补充营养。但是，大家可能不知道，吃鸡蛋还有很多注意的事项：早上吃完鸡蛋后不可以立即喝豆浆，因为鸡蛋中的蛋清会和豆浆中的胰蛋白酶结合，阻碍蛋白质的分解，从而降低人体对蛋白质的吸收。再比如，鸡蛋还不能和白糖一起煮，因为这样会所形成一种结合物不易被人体吸收，对人体的健康不利。

皮皮："妈妈，您晚上做饭的时候能不能给我多煮一些鸡蛋呢？"

妈妈："煮多少啊？你吃得完吗？"

皮皮："我不吃，我要创作'鸡蛋画'，然后送给我的同学们作为纪念！"

妈妈："那能保存多久啊，两天后鸡蛋就得变臭了！"

水烧纸

你需要准备的材料：

☆ 三块金属钾

☆ 一张白纸

☆ 适量清水

钾

清水

◎实验开始：

1．将钾放在白纸中间，并且折叠白纸，将金属完全包裹起来；

2．让包住金属的部分白纸沾上少量清水，观察白纸的变化。

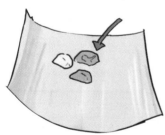

0

◎有趣的发现：

不一会儿，白纸就剧烈燃烧起来，好像水就是点燃白纸的"火柴"一样。

皮皮："真神奇，用水居然也能把白纸点燃？"

孔墨庄叔叔："呵呵，一般情况下是不可以的，但是这一次我们加入了特殊物质——金属钾。钾会和水发生化学反应，生成氢氧化钾和氢气，并且在反应过程中产生大量的热。这种温度足够达到氢气和纸的着火点，所以它们都燃烧起来。与此同时，氢气的燃烧还进一步促进了白纸的燃烧。"

燃点

放热

"水火不容"是大家经常听到的一句口头语，但实际上，水和火并不是绝对不相容，只是人们没有创造出那个条件而已。只要满足了一定的条件，谁还能说"水火不容"呢？上面的实验就是一个明显的例子。所以，我们在看问题的时候，一定不要被固有的思维限定住，要学会思考噢。

皮皮家的煤气需要先用打火机或者火柴引燃才能燃烧。可是，妈妈烧饭的时候发现火柴不见了。就在这时，皮皮笑嘻嘻地走过来，对妈妈说他有办法。什么办法呢？

皮皮先端来一盆水，然后找来一张纸，用水将一部分沾湿，然后放到煤气旁。

"奇怪，水不是能把纸烧着吗？怎么不行呢？"皮皮奇怪地说，他把整张纸都浸在水中了，可是纸还是烧不着。

"傻孩子！"妈妈在一旁说。

小朋友，想想皮皮错在哪里呢？

会变色的花

你需要准备的材料：

☆ 两个玻璃杯

☆ 白醋适量

☆ 水适量

☆ 皂粉适量

☆ 一朵黄色的菊花

☆ 一朵红色的玫瑰花

◎实验开始：

1．在一个玻璃杯中倒入白醋，然后将黄色的菊花插进去；

2．在另一个玻璃杯中加入皂粉和水，然后搅拌均匀，将红色的玫瑰花放进去，两个小时后观察现象；

3．两朵花调换位置，将菊花插入到皂粉水中，将玫瑰花插入到白醋中，再观察现象。

◎有趣的发现：

两个小时后，黄色的菊花变成了红色；而红色的玫瑰花则变成了蓝色。当两朵花调换位置后，又都逐渐地回复了原来的颜色。

皮皮好奇地问："孔墨庄叔叔，难道你在变魔术吗？这花怎么会变颜色呢？而且变色后还能复原？这是怎么回事呢？"

孔墨庄叔叔："其实，在所有的花瓣中，都有一种色素，叫花青素。这种色素遇到酸性物质会变成红色，遇到碱性物质就会变成蓝色。白醋是酸性物质，所以黄色的菊花会变成红色；而皂粉水是碱性物质，所以红色的玫瑰会变成蓝色。当把两朵花调换位置后，因为酸碱中和作用，两朵花就恢复了原来的颜色。"

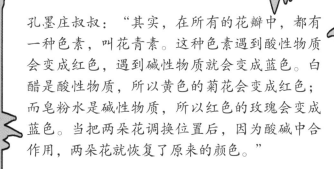

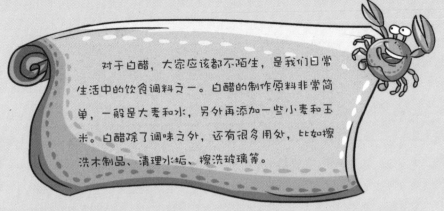

对于白醋，大家应该都不陌生，是我们日常生活中的饮食调料之一。白醋的制作原料非常简单，一般是大麦和水，另外再添加一些小麦和玉米。白醋除了调味之外，还有很多用处，比如擦洗木制品、清理水垢、擦洗玻璃等。

皮皮回到家后，将家里所有正在盛开的几盆菊花都搬到了一起，之后就开始忙活起来了。

妈妈下班回来后，打开门一看，大吃一惊。只见客厅里都是红花、泥土、花盆。

妈妈气愤地喊道："皮皮，你又搞什么呢？怎么把那些菊花都拔了出来？"

皮皮："哈哈哈，妈妈，我只是想亲自证明一下孔墨庄叔叔做的实验是不是正确。而且你不觉得这些红色的菊花更好看吗？如果你不喜欢，那我现在就把它们变回去，再种到花盆里不就行了！"

妈妈："……"

油滴变油环

你需要准备的材料：

☆ 两滴食用油

☆ 一根牙签

☆ 适量清水

☆ 一个玻璃杯

☆ 一块肥皂

◎**实验开始：**

1．将玻璃杯中倒满清水，然后在水面上滴几滴食用油；

2．用牙签在油滴中心点一下，观察油滴的变化；

3．在牙签上沾一点肥皂，然后再在油滴中心点一下，观察油滴的变化。

◎有趣的发现：

没有沾肥皂的时候，油滴没有任何变化，但是牙签上沾了肥皂之后，油滴向两边扩散，变成油环了。

皮皮："孔墨庄叔叔，油滴真的变成油环了。为什么会出现这样的现象啊？"

孔墨庄叔叔："呵呵，这是因为肥皂是一种表面活性剂，当油滴中间沾上肥皂的时候，彼此之间的张力就变小了，但是其他部分油滴的张力并未改变，因此便拉着中间的油滴向周围扩散，这样就形成一个圆环状的油环了。"

一般情况下，因为食用油比水轻，所以总是浮在水面上。但是，如果我们在食用油中加入少量的洗洁精，那么油分子就会在洗洁精分子的包围下在水中分散开来。

孔墨庄叔叔这个实验做到一半就无法进行下去了，因为皮皮突然冲进实验室，把他们准备的食用油气呼呼地拿走了。

走之前，皮皮还甩下一句话："今天我们老师说了，'谁知盘中餐，粒粒皆辛苦'。我们要懂得珍惜。你们用食用油做实验，这是浪费。我不允许，哼！"

会变颜色的淀粉

你需要准备的材料：

☆ 一瓶碘酒

☆ 适量淀粉

☆ 四片油菜叶子

☆ 一个玻璃杯

☆ 一根玻璃棒

☆ 适量开水

◎实验开始：

1. 将淀粉放入透明玻璃杯中，然后加入开水，用玻璃棒搅拌均匀，这时候你会看到玻璃杯中物质的颜色是乳白色；

2. 往玻璃杯中加入几滴碘酒，同时搅拌；

3. 观察到玻璃杯里颜色变化的时候，再往玻璃杯中挤入几滴油菜汁，搅拌均匀。

淀粉

碘酒

油菜汁

◎有趣的发现：

加入碘酒后，淀粉的颜色由乳白色变为蓝紫色；加入油菜汁后，淀粉的颜色由蓝紫色变为乳白色。

皮皮："孔墨庄叔叔，淀粉为什么又变回了乳白色啊？不是发生了很多次化学反应吗？"

孔墨庄叔叔："淀粉在遇到碘酒时变成蓝紫色，是它的特性之一，但这不是一种化学反应，而是产生了相互作用。在它遇到油菜汁分子的时候，才真正发生了化学反应，从而将淀粉的颜色还原成了原本的乳白色。"

淀粉和碘相遇不会发生化学反应。实验证明，单个的碘分子并不能使淀粉变蓝，真正使淀粉变为蓝色的，其实是碘离子噢。

皮皮慢慢走到孔墨庄叔叔身边。

"皮皮，你看起来不高兴。怎么了？"孔墨庄叔叔关心地问他。

"我刚才去厨房，找油菜，可是没找到。"皮皮说。

"怎么会呢？我刚刚还看到了啊！"

"真的，我找遍了所有的菜，都没有找到上面长油的菜！"

"上面长油的菜？"孔墨庄叔叔明显是不明白皮皮说的话了。

"油菜不就是长了油的菜吗？"

"……"孔墨庄叔叔，"不是！"

呀，谁家的米饭烧焦了呢？

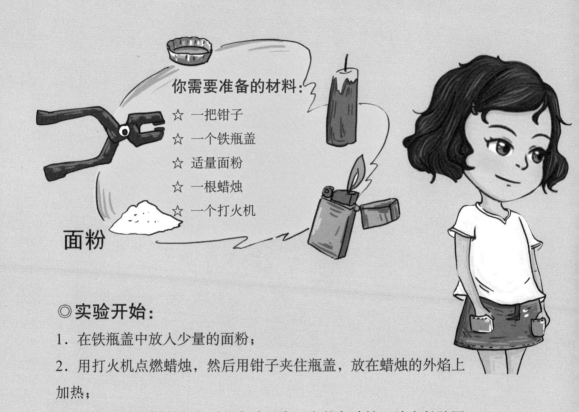

你需要准备的材料：

☆ 一把钳子

☆ 一个铁瓶盖

☆ 适量面粉

☆ 一根蜡烛

☆ 一个打火机

面粉

◎实验开始：

1．在铁瓶盖中放入少量的面粉；

2．用打火机点燃蜡烛，然后用钳子夹住瓶盖，放在蜡烛的外焰上加热；

3．观察面粉的颜色变化（此实验具有一定的危险性，请家长陪同一起完成）。

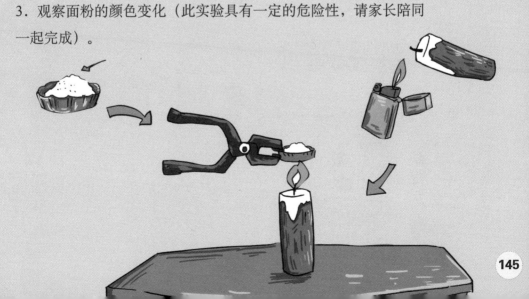

◎**有趣的发现：**

一段时间后，瓶盖里的白色面粉变成了黑色。

皮皮："孔墨庄叔叔，刚才面粉还是白色的，怎么会突然变成黑色的了？"

丹丹："笨！刚才大叔不是把面粉放在蜡烛上烤了吗？肯定是烧焦了呀！"

皮皮："可是，面粉为什么会烧焦了呢？"

孔墨庄叔叔："呵呵，这是因为面粉里含有碳这种元素，而碳元素在加热之后会变成黑色的炭黑，就像妈妈在烧米饭的时候，如果米饭烧焦了就会变成黑色的。因为米饭中也含有碳元素，如果过度加热的话，就一定会烧焦。"

碳

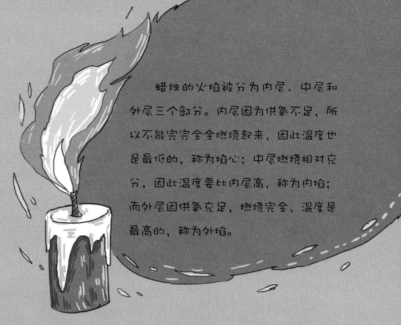

蜡烛的火焰被分为内层、中层和外层三个部分。内层因为供氧不足，所以不能完完全全燃烧起来，因此温度也是最低的，称为焰心；中层燃烧相对充分，因此温度要比内层高，称为内焰；而外层因供氧充足，燃烧完全，温度是最高的，称为外焰。

妈妈做饭的时候，皮皮一直紧张地待在妈妈身边。

"乖儿子，妈妈不用你帮忙，出去玩吧！"妈妈说。

"不，你会把米饭烧焦的！"

"不会，妈妈保证！"

"妈妈，你知道米饭为什么会烧焦吗？"

"不知道啊！"

"这是因为米饭里面含有碳元素，如果它一直加热，一直加热……就会变成黑色的炭黑。这样的话，米饭就会烧焦，就不能吃了！"

然后，皮皮和妈妈同时闻到一股焦味。

米饭真的烧焦了！

最后来一杯汽水吧!

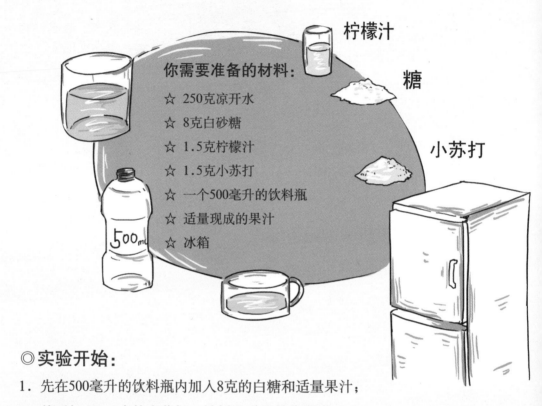

柠檬汁

糖

小苏打

你需要准备的材料:

☆ 250克凉开水

☆ 8克白砂糖

☆ 1.5克柠檬汁

☆ 1.5克小苏打

☆ 一个500毫升的饮料瓶

☆ 适量现成的果汁

☆ 冰箱

◎**实验开始:**

1. 先在500毫升的饮料瓶内加入8克的白糖和适量果汁;

2. 然后加入1.5克的小苏打,并倒入适量的凉开水;

3. 再加入1.5克的柠檬汁;

4. 立即旋紧瓶盖,摇匀,放入冰箱。

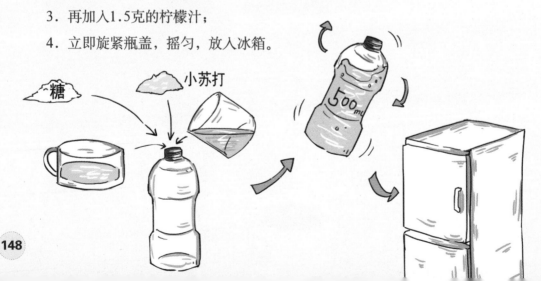

糖

小苏打

◎有趣的发现:

半个小时之后，你就可以喝到清凉甘甜的汽水了。

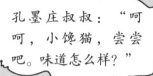

孔墨庄叔叔："呵呵，小馋猫，尝尝吧。味道怎么样?"

皮皮："孔墨庄叔叔，我来，我来，让我先喝一口!"

皮皮："真的是汽水，还非常好喝呢!"

孔墨庄叔叔："那当然! 我会做汽水。最主要的是，小苏打中含有一种叫作碳酸氢钠的物质，它遇到了柠檬酸，就会产生二氧化碳，而二氧化碳随后又碰到了水，就变成了碳酸。这样，我们的汽水就制成了!"

CO_2

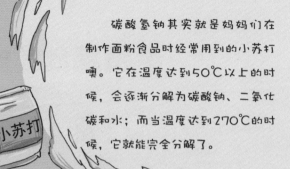

碳酸氢钠其实就是妈妈们在制作面粉食品时经常用到的小苏打噢。它在温度达到50℃以上的时候，会逐渐分解为碳酸钠、二氧化碳和水；而当温度达到270℃的时候，它就能完全分解了。

"孔墨庄叔叔。除了爸爸妈妈，你是我最喜欢的人！"做实验的时候，皮皮突然对孔墨庄叔叔说。

"是吗？我可看不出来！"

"真的，除了他们，我最敬佩的就是您！"皮皮连连点头。

"好吧！"

"我最喜欢您的胡子！"

"嗯！"

"还有嘴巴！"

"嗯！"

"还有耳朵！"

"皮皮，你想说什么？"

"一会儿，您能再给我一杯汽水吗？"

"……"原来，汽水才是最终的目的。

手指怎么冒烟了？

你需要准备的材料：

☆ 一盒火柴

☆ 一个空火柴盒

☆ 一个盘子

◎ **实验开始：**

1．将空火柴盒两侧的砂纸撕下来一片，放在盘子里（要将砂纸的那一面朝下）；

2．用火柴将砂纸点燃，等到砂纸燃烧完后，盘子里剩下了红色的灰烬；

3．稍等一会儿，用大拇指和食指蘸一点灰烬，然后两个手指摩擦，观察现象。

◎ 有趣的发现：

当两个手指摩擦时，可以发现从手指间冒出了一缕缕白色的烟。

皮皮："咦，这是怎么回事，难道那些砂纸没有烧尽吗？"

丹丹："肯定烧尽了，你没看到那些都是烟灰吗？好奇怪呀！"

孔墨庄叔叔："哈哈哈，还是让我来告诉你们吧。其实，这主要是因为火柴盒的砂纸中含有红磷的化合物，这种物质在低温下也可以燃烧。我们把砂纸点燃后，留下了红色的灰烬，当蘸上红磷灰烬的手指相互摩擦时，手指间产生的热量会使灰烬中的红磷气化，于是就产生了白色的烟雾了。"

可能有的小朋友听说过红磷和白磷，它们有什么区别呢？红磷是一种红棕色的粉末状固体，不溶于水；白磷是一种白色的蜡状固体，有剧毒，遇到光后会变成淡黄色的晶体，所以白磷也被叫做黄磷。

墨水怎么变成清水了?

你需要准备的材料:

☆ 两个大小相等的玻璃杯

☆ 半瓶蓝墨水

☆ 消毒液适量

☆ 清水适量

◎实验开始:

1. 将一个玻璃杯中加满清水;

2. 在另一个玻璃杯中加入少许的消毒液;

3. 在盛有清水的玻璃杯中加入少许蓝墨水,使清水变成墨水;

4. 将蓝墨水倒入空玻璃杯中,轻轻摇晃几下,看看会发生什么现象。

◎有趣的发现：

经过摇晃后，杯子里的墨水竟然又变成透明的清水了。

丹丹："是啊，蓝墨水怎么会变成清水呢？孔墨庄叔叔，您快把其中的原因告诉我们吧？"

皮皮："哇，孔墨庄叔叔，你在变魔术吗？"

孔墨庄叔叔："哈哈哈，孩子们，这并不是什么魔术，而是其中发生了化学反应。消毒液中含有次氯酸钠，它会溶解水中的蓝墨水，让其变成另外一种无色透明的液体。所以玻璃杯中的墨水才会变成透明的。"

消毒液是我们在日常生活中经常见到或者用到的，实际上，它的腐蚀性也是很强的，很容易和酸性物质，比如盐酸、氨水等发生化学反应，产生有毒的气体。所以在使用消毒液的时候，一定要非常小心。一旦消毒液不小心进入眼中，要立即用大量的水冲洗并立即去医院。